生长的
美学

——精品花园设计细部解析

王开元　樊芮　仲竹　著

中国林业出版社

前言

　　在这个快节奏的时代，花园不仅是一处宁静的避风港，更是一个承载美学和艺术的舞台。作为对花园设计充满热情的探索者，我们用心记录了身边让我们感动、放松、记忆深刻的花园，有贴近生活的私宅花园，有富于视觉感染力的商业花园，有增进食欲的餐饮花园，有令人沉醉的酒店花园。它们各具特色，却同样令人着迷。在这些花园中，我们发现了一种共通的语言——美学。在花园设计中，美学体现在方方面面，一切让你感觉舒适、带来情绪价值的设计背后可能都有美学逻辑在起着作用。我们尝试着去寻找花园美学的答案，深入研究这些花园案例在视觉、空间、体验感、工艺、材料、植物多维角度的具象特征。研究花园美学背后不易察觉的设计精髓和逻辑细节，将美学在感知层面带来的情绪共鸣量化成理性层面可以细细品味、学以致用的美学小知识。

　　我们希望通过这本书，不仅能够为专业的花园景观设计师提供灵感和参考，也能让那些对花园有着浓厚兴趣的爱好者们对花园设计有一个更深层次的认识。无论是整体风格、动线规划、运营管理，还是材料选择、水系营造、植物搭配，每一个细节背后承载的巧思和对美的追求都值得被看见。

　　带着这个目标，我们在对花园探索挖掘价值的同时，会从不同的美学视角进行归纳总结，形成一个个美学小知识。所以，本书不仅是一次花园美学的探索之旅，更是一本实用的造园工具书，值得每一位设计师和花园爱好者反复观看。在这里，您将找到从理论到实践的桥梁，以及如何将美学理念转化为具体设计的方法。我们坚信，通过这本书，您将能够提升自己的造园技艺，创造出好看、好用、好玩的花园空间。让我们走进这些花园，感受它们的独特魅力，一起探索，一起学习，一起创造那些能够触动人心的美丽空间。

编著者

2024.7

目 录

01
私宅庭院

半园
听茶！雨声水声瀑布声　　　/008

拾芳园
一个有性格的下午茶小院　　　/014

森屿造园工作室小院
一个城市中的工作室私享花园　　　/022

坪庭花园
小而美！坪庭花园的构图美学　　　/028

归园
禅意茶园！能让人放松下来的小院　　　/032

芳香小院
花园治愈！绿植环抱的温馨小院　　　/038

汀园
源于生活！空间联系场景融合的花园客厅　　　/044

02
公共商业花园

天目里下沉庭院
山石艺术！绿意生长的置石花园　　　/052

华采天地商业中庭花园
精工细作！宝藏级商业中庭花园　　　/058

青果巷院落景观
创意庭院细节！古为今用的典范　　　/064

SKP 商业花园
繁花灿烂！顶级商业自然花境美学　　　/070

麓坊中心
森系浪漫！生活市集新街区的植物美学　　　/078

虹桥公园
夜色的温馨！超人气街角花园　　　/086

上生·新所
惊艳！细品精美小资商业花园　　　/092

幸福里
精致耐看！小尺度商业花园街区　　/098

览秀城屋顶露台花园
浪漫沉浸！玄武湖畔空中露台花园　　/104

玖园会所花园
十二个造园细节！东方禅意会所花园　　/110

03
餐饮庭院

太古里元古云境餐厅
侘寂古风！纯粹高级的餐厅美学　　/120

树下酒馆
酒香茶香与花香　　/126

黄小姐的小院
如何打造一个沉浸禅境的品茶氛围？　　/132

薛涛的院子
幸福梅林的世外桃源　　/138

图宴
大隐于市的宋代隐逸美学餐厅　　/144

芳香景
米其林川菜筵席的庭院美学　　/150

宽三堂
藏在川西第一道观的仙境餐厅　　/156

04
民宿酒店庭院

官塘安麓
顶级田园度假！先选对材料　　/164

三亚阳光壹酒店
视觉松弛！以环保为名，忠于自然美感　　/172

坐忘森林
利用原有生态环境打造森林氧吧！疗愈系禅修酒店　　/178

不宿·久之
会舞动的树！山林间精致打造的私享庭院民宿　　/186

博舍
穿越古今！清代宅院奢华酒店　　/192

宿仙谷
巧用空间留白！仿若仙境的东方山野小院　　/198

05
造园步骤

客户角度
如何从零打造一个属于自己的花园？　　/205

01

私宅庭院

与室内场景联动协调

好看、好用、好玩

生活场景、美学场景、社交场景

听茶！雨声水声瀑布声

01 半园•Ban Garden

项目位置：江苏省常州市武进区嘉泽镇迎宾大道 1 号
占地面积：约 400 m^2
场景：水中茶亭，冥想社交，沉浸游园
记忆点：禅意氛围，仿古物件，造园技艺，窗外框景半园是常州夏溪花木市场园艺村项目的一部分，该项目吸引了一批园艺爱好者和设计师，他们共同创造出多个具有特色的园林空间。半园是其中兼具传统韵味和生活美学的园林空间。

场景上，园内围绕中央鱼池布置了观景台、园艺植物、茶艺交流等空间，通过移步换景的空间动线和视线转折将各个景点串联。视觉上给人感觉是典型的禅意风格。

外围通过山石和绿植形成环抱背景，内部通过自然山石、木质平台、茅草顶茶亭、苔藓、罗汉松、鱼池等元素搭配出禅意小景，在视觉上营造出禅意风格的景致。园内最重要的视觉场景在于透过茶亭的落地玻璃窗所看到的景色——喝着茶，听着顺着屋面瓦落水形成的雨滴声，欣赏着鱼池假山叠瀑，能够让心情彻底放松下来。下午，自动喷灌形成的水雾在阳光下还有可能形成彩虹，带来惊喜。半园沉浸式的禅意氛围，吸引了众多游客前来打卡体验，有趣的细节设计和特色茶饮使其成为夏溪园艺村的其中一个亮点。

私宅庭院

视觉配色： 以绿植营造的墨绿色为基调，园内构筑物均为木色，搭配水面和浅灰石板，营造出禅意沉稳的视觉风格。

自动喷灌（彩虹创造）

瀑布多级跌水

落地窗外看框景

主色调：墨绿色、原木色

半园
Ban Garden

屋面瓦跌水

落地窗观景

工艺细节： 茶室的屋顶檐口、园路汀步、花池收边都采用了中式传统元素，让园内的构筑元素精致耐看，值得细品。

定制仿真茅草

回纹

花边

滴水

垂花柱

磨盘汀步石

整石石板浮桥

瓦片拼花

紫薇

庭院牌匾：半园

木雕对联

毛石景墙

迎宾羽毛枫

绣球花

整石台阶

大吴风草

金叶石菖蒲

红盖鳞毛蕨

花叶络石

矮麦冬

罗汉松

枇杷

腊梅

再力花

仿真树根

悬浮汀步

羽毛枫

私宅庭院

主要观景点：在茶亭内透过落地玻璃窗看到的是半园最美的景观画面，画面中远、中、近三个景深的景观层次分明，主景的叠瀑和观景亭构成视觉焦点，叠瀑作为场景中主要流动的景观，成为画面核心。植物为画面留白区域填空，一棵搭配叠瀑的斜飘罗汉松作为主景树，其余植物形成三角形构图与主景搭配。最后通过亭廊檐口的透视设计增加画面景深，让画面更有层次。

背景天际线

视觉高点

亭廊中景，提供透视引导

植物主景树

植物配景

叠瀑视觉主景（画面中主要动景）

鱼池前景（池中锦鲤增加生动细节）

垫石

"水牛"景石

编织挂灯

窗外框景的构图美学

　　半园水中茶亭的窗景营造，让人印象深刻。如果窗框是一幅画，窗外的景色就是画面内容，画面是否美观和谐，其景物的构图搭配是关键。

1. 框景需要有一个核心，大致布置在场景画面1/3的位置。①姿态突出的核心适合孤植，强调个性美；②姿态平和的核心适合成组栽植，强调序列美。

2. 场地核心周围充分留白，给予足够的展示空间。利用对比和衬托创造画面均衡感。

① 一个高点元素往往需要较宽的底座去衬托，让画面更稳重，不会头重脚轻；

② 没有绝对高点元素的情况下，依靠三两成组的元素数量形成主景，用空间的留白和透视的进深给主景创造展示条件，画面配景布置得太满就会让本就不突出的主景失去表现力；

3. 所有元素追求"不完整之物"，互相融合生长，对于重心部位的元素数量，奇数为主，偶数为辅，进行非对称搭配，追求画面的平衡。

4. 元素营造关键词：非对称、线条自然、无边界（让场景的留白元素有进有出）、去人工痕迹（地形模拟自然，脊线、谷线、不对称）。

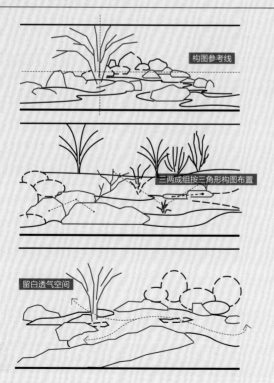

构图参考线

三两成组按三角形构图布置

留白透气空间

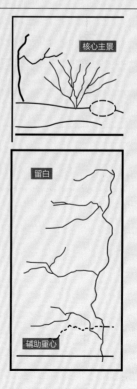

核心主景

留白

辅助重心

一个有性格的下午茶小院

02拾芳园•Shifang Garden

项目位置：江苏省常州市武进区嘉泽镇迎宾大道 1 号

占地面积：约 500 m²

场景：下午茶，打卡拍照

记忆点：静谧禅意、一步一景、以景布位、DIY 手作景致常州拾芳园的设计源自园主张星华对传统园林文化的热爱和对美好生活的追求。园主被河边的三株榔榆所吸引，决定围绕这些树木打造一个花园，这三棵树也被戏称为"榆郎""榆娘"和"榆彷"。他亲自参与到花园建设的每一个细节中。从清理枯枝败叶到园林设计布局，利用现有地形和环境，采用了日式枯山水的手法，结合中国古典园林的元素，创造了前院、正院、侧院、茶室和后院的庭院空间。

前院的"曲水流觞"，通过旱溪的设计，营造出静谧的禅意氛围。正院的"千寻亭"是观赏园林全景的位置，而茶室提供了品茶休憩交流的空间。临湖的"望月台"和"熹庭"巧妙地利用自然光线和水景，有一种宁静深远的空间感。

视觉上，拾芳园中的植被配置考虑了四季的变化，有中式园林的造园细节，有日式庭院的留白，还有园主人结合生活情趣植入的很多小心思，让花园耐看，经得起反复细品。

总的来说，拾芳园不仅是一个适合待上一整天的美丽庭院，也是一个有情感和故事的空间。园主人的专业、用心和对园林艺术的热爱，让拾芳园成为一个能够让人体验自然美和传统文化的放松身心之地。

私宅庭院

拾芳园如何塑造静谧禅意的美学印象？

1.材质色彩：以木色竹篱笆作为背景，以砾石、汀步、苔藓、水面形成的低饱和度灰绿色作为视觉主基调。

主色调：中式传统配色、原木色

拾芳园

竹

汀步

景石

砾石

石板

木

2.一步一景：在游园通道上点缀园主人手工打造的小景，一路都是小惊喜。

3.以景布位：将下午茶台位结合各类景观布置，确保不同台位差异化的观赏体验，客户每次到访都有新鲜的视觉感受。

4.植物：以禅意观叶植物为主，没有太多的中层灌木，以不同高度、叶形的地被形成起伏的层次。注重植物空间的留白、透气。苔藓是场景内植物空间留白的节拍器。

5.趣味小景：一些趣味性十足的谐音造景、石头造型等小细节，蕴含园主人小巧思。

"方""圆"

6.精致收边：注重绿化和铺装收边的处理，通过不同材料的组合搭配，给场景画面增加了一个精致的"画框"。

半圆瓦蝴蝶拼花

深灰砾石收边

竹筒栏杆

花园 DIY 造物美学

　　拾芳园内各类手作景致令人印象深刻，花园将园主人的创意通过DIY手工制作造景，融入花园设计中。

1. 回收利用：利用废旧物品，如旧轮胎、废弃木材、旧陶罐等，以及自然材料，如树枝、树叶、贝壳等，通过创意改造，变成花园中的装饰品或种植容器。
2. 手绘装饰：如在石头、花盆或木制装饰品上绘画，增加艺术感。
3. 创意园艺：通过创意种植，如自制花盆、垂直种植、悬挂花盆、立体花架等，增加花园的层次感和视觉效果。
4. 手工艺品：制作手工艺品，如编织篮子、手工风铃、陶瓷装饰、自制灯具等，为花园增添个性化的装饰。
5. 花园家具：自制木制长椅、吊床或秋千等。
6. 艺术装置：如雕塑、装置艺术等，展示个人的艺术品位。

私宅庭院

一个城市中的工作室私享花园

03 森屿造园工作室小院
• Senyu Garden

项目位置：四川省成都市青羊区日月大道一段1号

占地面积：约60 m²

场景：杂木庭院、私人工作室

记忆点：闹中享静，森林绿地里的禅意庭院，苔藓微地形造景森屿花园位于成都市青羊区日月大道高架桥附近的私人工作室，通过精心挑选和布局植物、石头、水体等自然元素，创造出一种宁静、平和，与自然和谐共处的空间，构成一个苔藓杂木禅意的花园。

场地内使用了大量苔藓与杂木，苔藓因其低矮、柔软、易于维护的特性，非常适用于禅意花园，并且还可以覆盖地面，为花园增添一抹自然、宁静的绿色。不同种类的杂木，根据其形态、色彩和生长习性，营造丰富的层次感和季节性变化。

园中设有水景与枯山水，在流水水景旁布置茶座，水的流动声能够带来宁静和放松的效果。材料方面，主要选用了石头、木材、竹子等自然材料，增强了花园的自然感和禅意。正是这些设计要素，使禅意苔藓杂木花园成为一个可以放松身心、冥想思考和享受自然之美的理想场所。

密林环绕形成私享空间

半开放式花园入口

私宅庭院

喧嚣城市主干道附近营造静谧花园的诀窍：

1.树林环绕，疏林草地引入，竹林为篱，以跌水声弱化城市噪音。

由疏林草地引入花园

logo 景石

"人"字形石板路

庭院位于城市交通要道附近，竹林为篱，阻隔城市道路噪音

苔藓为底，山石林立，闹中取静自成一方天地

2.场地内的水景分为水景与旱景，通过对水不同形式的演绎，营造意境反差，且水景中有可耐看、细品的小场景。

借助跌水声的白噪音弱化城市道路噪音

石灯笼

睡莲

杂木环绕的锦鲤池

借助地势营造苔藓山石旱溪景观

3.将工作室和室外景观联动，窗台的微缩小景和室外的绿植呼应。

原木色

森屿造园工作室小院

4.细部氛围营造。

卷叶湿地藓

洗手水钵

碾子

苔藓覆盖的景石

石板间的块石碎拼

石板间苔藓填缝

微缩盆景

微地形苔藓造景美学

在森屿花园中大面积利用苔藓结合微地形的起伏，点缀植物、置石，模拟创造自然山水的微景观，是景观设计中常用的造景手法。这类造景在构图搭配和地形的营造细节上需要重点雕琢。

（1）地形营造是重中之重，平面放线有开合变化。岛的大小有主次，不宜细碎；绿岛边缘和铺装衔接的区域，有退有进，砾石作为留白的节拍器做节奏变化。

（2）竖向地形有高点、次高点，在构图上分布均衡，形成前后错开的起伏曲线层次。

（3）细部有微地形变化，苔藓本身质感细腻，微地形能放大苔藓景观的细部变化，更有禅意氛围。

（4）石头、水钵、植物根据地形的构图灵活点缀，三两成组，多留白，透气。

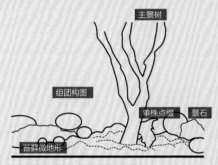

（1）微地形+景石+点缀+组团+主景树

a.主景树周围适当留白，重点突出。

b.周围利用球的组合、景石形成横向的构图，以平衡竖向的主景树。

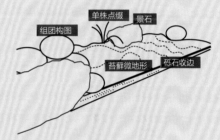

（2）微地形+景石+点缀+组团

a.微地形模拟天然山脊的效果，山脊线、山谷线形成不同斜度的坡度组合。

b.整体构图讲究大的高低走势，在大地形完成后，可以再进行微地形造型，使地被形成斑块起伏感。

c.置石三两搭配，讲究三角形构图，在地形谷线的位置可以卡置石，形成咬合的效果；其他置石高矮组合，布置在斜坡上，不要把置石放在坡顶。

d.点缀植物株形要大，少而精，结合置石和微地形点缀布置。

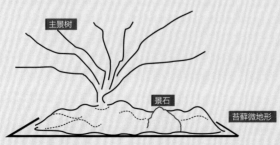

（3）微地形+景石+主景树

用主景树和置石形成均衡的构图关系，用苔藓微地形做起伏形成干净耐看的基底。

小而美！坪庭花园的构图美学

04坪庭花园 • Sunken Garden

项目位置：江苏省常州市漕溪路与延政大道交叉口

占地面积：约42 m²

场景：四方天井、禅意坪庭、下沉庭院

记忆点：小空间里的精致、简约组景构图

坪庭花园位于常州玖园社区地下采光井区域。玖园是一个适老化住宅，不仅社区地面景观需要充分考虑长者对户外园林的使用需求，在地库区域也要重点考虑不同的使用需求。简单来说，长者对开车的需求相比较低，地库车位使用率也较低，地库更多的时候承担了雨天归家通行功能以及户外集散活动的功能，所以基于以上实际情况的地库花园应运而生。

　　花园的栽植需要保证视线的通透，也需要考虑养护的难易程度，整体观感清爽整洁。花园整体按照简约禅意的风格设计，以骨架乔木搭配起伏地被形成协调的构图，在植物品类上选择适宜半阴环境下生长，不需要频繁修剪养护的品种。

　　总的来说，花园给地下室空间创造了舒适的视觉焦点，体验感提升，同时也保障了采光，让地下室更亮堂。地下室不仅是在雨天可以代替地面通行的通道，更是花园感十足的归家动线和户外活动场所。

水晶拴马桩

白发藓（永生）

射灯

生长的美学——精品花园设计细部解析

简约组景构图美学

　　案例中利用三角形构图关系统领所有造景元素，让每个元素相互映衬，在凸显各自视觉特点的同时又均衡协调，值得借鉴。

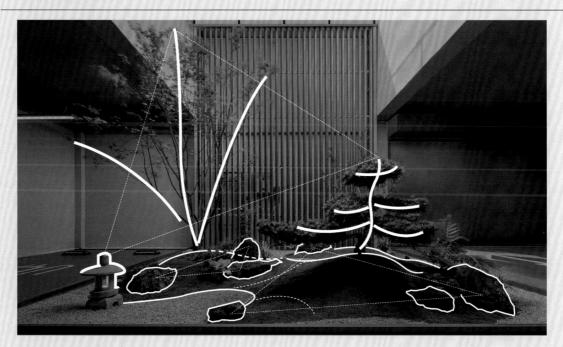

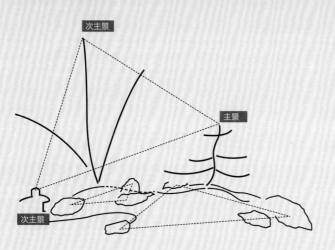

构图：

（1）明确主景，给予充分展示空间，适当留白。

（2）次主景高低层次拉开，距离可适当靠近。

（3）主景和次主景利用三角形构图，形成均衡态势。

地形：

（1）地形高点、低点分别与主景错开。

（2）前后地形错开，增加透视立体感。

（3）脊线和谷线坡度区域，谷线体现精致度，

适合平顺圆滑；脊线是轮廓，适合英朗挺拔。

置石：

（1）宏观视角利用三角形统领置石群落关系。

（2）置石与地被、砾石呈现咬合关系。

（3）置石间的空隙是点缀植物的最佳点位。

私宅庭院

禅意茶园！能让人放松下来的小院

05 归园 • Home Garden

项目位置：江苏省常州市漕溪路与延政大道交叉口

占地面积：约 50 m²

场景：沉浸品茶、冥想放松

记忆点：禅意氛围、意境置石、造型水钵、景致环绕的木质茶亭这是一个禅意风格的私家庭院，造园师冷金泽为其取名"归园"，并写了一首庭院诗，阐述造园的所感所想。

"苍生，历经世事繁华与蹉跎，或得功名利禄，或失岁月容颜，始终得小园，容身、静心、养心、品茗，江河之所以为百谷之王者，因其善下也，百川不息，顺势而为，汇于江海，终成其博大；山之所以称为雄美，因其连绵，悬崖陡峭，终成其伟岸。玄德石，质地坚实，颜色稳重，形态多姿，凭巧工安于园中，置于园中画面构图之中，有些营造山峦之峰，有些构成神龟回眸之态，有些则屹立于砂海之中，化尊神佛，云游四方。神龟，万年之岁，步履稳健，已得永年，园中神龟，各处一方，悠然自在。归亦同'龟'，与尔共享园中之乐趣也。"

花园采用百川归海的整体布局，入口处山中杂木式布置，创造进入山林的意境，左右树互为依仗形成框景，进入需要低头俯身，以表对归园精神的仪态之礼，更显对立佛尊敬之心。

主色调：中式传统配色、原木色

百川归海的整体布局

归园

茶亭

竹垣

苔藓

砾石

石钵

红叶

红枫

芬兰木茶亭

石榴

和纸

竹帘

滴水链

茶台

黑松

石灯笼

竹垣

黑山石

竹流水

草坪灯

玄武石汀步

水钵

肾蕨

龟甲冬青

棕竹

大灰藓

智能喷灌

花园整体借用中国纵轴山水画的构图方式，创造连绵起伏的山势，平远、高远、深远，与外界远处花园融合形成无限画面，植物与山石结合，创造植物从石中而生的力量感。

场景营造中的造景构图美学

　　归园中，透过花园观赏绿意环绕的茶亭是花园中最美的场景画面。场景的构建需要对主景、配景、元素定位，以及进行空间纵深等多方面进行考虑，类似摄影的构图原理。让我们看看归园的构图美学。

（1）整体构图：将画面分为九等份，通过两条水平线和两条垂直线将画面分割。将主要元素放置在这些线上或交点上，通常能产生更平衡和引人注目的构图。

（2）空间层次：在画面前景中加入元素可以增加画面的深度感和立体感，画面中的树枝和石灯笼给画面增加了立体层次。

（3）留白聚焦：画面要有适当留白，四个交叉点的重点区域，一处作为主景，其他三处可过渡衔接留白。

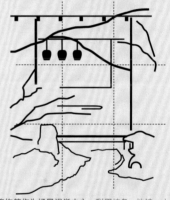

将构筑作为场景视觉中心，利用枝条、地被、小品、内饰丰富前后景层次，让画面有立体感。

私宅庭院

花园治愈！绿植环抱的温馨小院

06 芳香小院 • Sweet Garden

项目位置：江苏省常州市菊香路与绿杨路交叉口

占地面积：约 50 m²

场景：户外露营、花艺、亲子时光

记忆点：沉浸花境、艺术栏杆、浪漫夜景

芳香小院是一个现代风格的洋房私家花园，花园作为客厅的户外延伸空间，实现了多个生活场景的融合交互。

视觉上，花园采用了大面积的木质材料和浅色铺装，营造出年轻有活力的视觉底色。再搭配丰富的自然花境、休闲软装、小品照明，让花园舒适浪漫，夜景也很温馨。

大量的灵活空间可供园主人自行布置调整，是爱好花艺的主人最向往的绿色空间。用花箱搭配出不同层次的栽植空间，配上各种花卉、果树，再加入雕塑、软装、吧台，生活氛围浓郁。

户外操作台

遮阳伞

花境植物

竹木地板　龟背灯

透光奢石

月球灯

艺术背景墙

艺术汀步

童趣黑板

藤编秋千

芳香小院这样的洋房花园在功能如何创造更多可能性？

洋房花园往往面积段在45～70m^2，对花园空间合理规划利用，能够创造更多的场景空间。

（1）客厅的延展区：结合阳台整体设计，通讨设置户外吧台、桌椅、躺椅、坐凳等软装元素，提供休息、阅读、会客、聊天、烧烤、聚会等户生活功能场景。

（2）休闲娱乐区：结合园主人的生活爱好差异化设计，可以布置儿童活动设施、秋千、露营帐篷、宠物玩具，提供放松的度假生活场景。

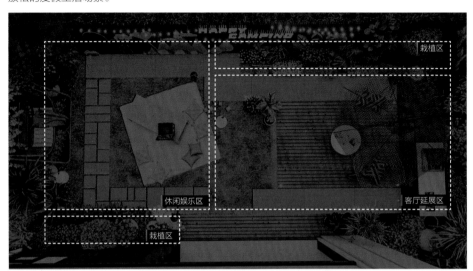

栽植区

栽植区

休闲娱乐区

客厅延展区

庭院功能分区

在前期规划阶段结合未来的使用场景进行清晰的功能分区。

主色调：浅灰＋木色

芳香小院

（3）栽植区：结合花园的风格和园主人对植物的偏好，选择不同类型的观赏植物，例如花园常用的月季、绣球、蓝雪花、茉莉等，禅意小院常用的苔藓、中华景天、山麦冬等，果蔬采摘园常用的草莓、柠檬、蓝莓等。植物是花园的灵魂，没有固定的组合形式。

（4）水景区：水景分为观赏水景和生态鱼池，水景不在大小，一个小水钵都可以自成一景，关键在于位置的选择和周围环境的搭配。

花园亮化照明美学

　　花园的夜间照明设计对花园的夜间氛围营造起到至关重要的作用，可以从主景照明、功能照明、氛围照明等方面对照明进行考虑设计。看看芳香小院是如何考虑的。

（1）主景照明：花园的主要对景要设置针对性的照明设计，凸显主景的轮廓形态、色彩质感，让花园在夜间依旧具有视觉焦点。在位置的布局上一般设置在透过室内客厅、房间窗户能看得见的区域。注意规避光源对室内的直射，防止炫光。

（2）功能照明：花园可根据面积大小考虑是否布置高杆庭院灯。若室内泛光可覆盖花园，则只需点缀草坪灯辅助照明。

（3）氛围照明：选择合适的照明灯具进行巧妙布局，以突出花园的特色和美感。在灯具参数上，重点考虑功率和色温。使用暖色光来营造出温馨舒适的氛围，使用冷色光来营造出清爽、明亮的氛围。通过照亮花园中的树木、花草、小品、景墙、格栅等元素，让花园在夜晚呈现另一种视觉感受。

照明设计

方案阶段需要考虑照明灯具的形式和点位，以保证夜间使用功能为前提，凸显设计元素为基础，构建观感协调为手法，制造惊喜氛围为目标。

私宅庭院

源于生活！空间联系场景融合的花园客厅

07 汀园•Ting Garden

项目位置：江苏省常州市武宜北路和聚湖东路交叉口

占地面积：约80 m²

场景：假山鱼池、吧台会客、榻榻米茶台

记忆点：简约禅意、艺术汀步、杂木枫树、精美灯具汀园是一个简约禅意风格的私家花园，分为前院和边院。

功能上，前院分为室内外延客厅空间和休闲花园空间，通过悬浮吧台把两块区域的空间进行软分隔，但视线上维持联系和呼应。边院作为客厅西向的对景，结合落地门扇形成禅意框景的画面。

视觉上，花园采用大面积的深色石材铺装，营造沉稳的视觉底色。浅灰的砾石搭配自然木色的坐凳和平台，氛围轻松。

植物作为不同空间的联系载体，以杂木枫树和罗汉松为骨架，中华景天为底色，点缀绣球、五色梅等开花品类，让花园充满活力和生机。

总体来说，花园以使用场景为空间逻辑，加入简约禅意的植物点缀，配合叠石鱼池的视觉聚焦。设计"源于生活，高于生活"。

主色调：深灰＋绿色

汀园

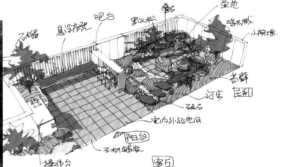

创作手稿

在前期规划阶段结合未来的使用场景策划好清晰的功能分区。

私宅庭院

对有限空间内的造景元素进行紧凑的规划布局，将活动空间、通行空间、停留空间进行融合，减少空间浪费，又能让每个视角有景可看，场景交互。

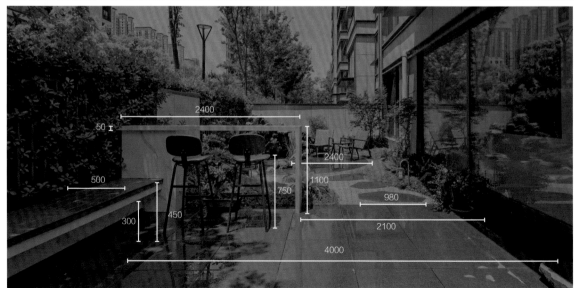

生长的美学——精品花园设计细部解析

在花园小尺度休憩空间内，设计师注重人坐在椅子上的环境感知和视觉体验。在花园内，2.4～3m的空间是一个温馨、适宜的洽谈、放空空间。坐姿状态下，1.3m高度的叠石假山和视线等高，间隔2m的视距既不会有压抑感，也让鱼池显得不局促。在坐凳背后的墙角设置半围合自然花境植物和杂木红枫，增加绿意环绕的休憩氛围。透过舒朗的树叶和主卧房间内的视线联动，也能增加小院的生活气息。

墙角植物半围合
室内外视线互动
休憩看景视距
精致户外皮质坐凳
2000
2490
鱼池堆石

高脚凳空间
600×600福鼎黑石材
400

叠石高点
植物冠线
叠石次高点
叠瀑高出水口
溪流低出水口
散置景石走向

草坪灯既提供功能性照明，又是点缀空间的装饰小品。灯具在形态、尺寸比例、颜色质感、光感色温等方面都进行了艺术感的设计，精致耐看。

生长的美学——精品花园设计细部解析

灯具装饰感设计美学

　　好看的灯具堪比艺术雕塑，给场景提神加分。很多豪宅、酒店的灯具设计都非常讲究，灯罩装饰细节是关键点之一。汀园的草坪灯就让人印象非常深刻。

1. 外轮廓边框体现灯具的品质，工艺并不需复杂，但要考虑整个外框的比例、厚度、宽度是否能够契合灯具的设计意图（边框如果只拿 1 ~ 2mm 的金属皮包裹，大概率是做不出品质感的。例如下图采用 5mm 的海棠角，就更能体现材质的厚度和工艺）。

2. 灯具的镂空金属和透光板的距离也是关键，金属外框质感越厚重，越需要与透光板隔开距离。这样能体现出金属的厚度和光影质感（若金属灯罩采用 5mm 厚的金属板，根据灯具的整体尺寸大小推敲，透光板和灯罩外框间隙 1cm 左右相对适宜）。

3. 云石板的花纹和颜色需结合灯泡色温综合考虑。尺寸大的装饰灯适合完整的大花纹肌理。如果灯具和其他射灯搭配使用，同样的色温也会因为灯罩的纹理和底色造成光感的不统一，这点在场景布置中经常容易被忽略。

4. 灯具基座做内收，营造漂浮感。

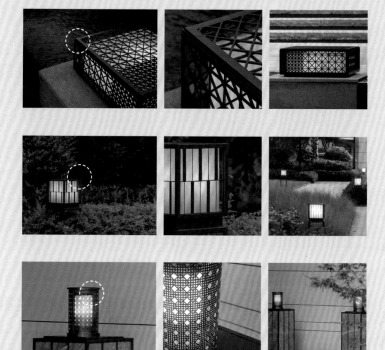

（1）多层渐变网格+海棠角+分离式透光板
每层金属网采用5mm厚的不锈钢保证框架的厚重感，45°金属框交点重合，形成"米"字形渐变图案，底座内收增加基座层次，海棠角让框架显得精致有质感。

（2）序列线条偏转+悬浮灯盒+分离式透光板
方形框架内采用8mm宽金属扁钢进行偏转排列，从不动角度看形成宽窄对比的层次效果，透光板和外框分离，并通过四角支点托举灯盒，形成序列悬浮的光影艺术。

（3）嵌套式编织纹+分离式透光板
采用1mm厚的金属板雕刻出5mm的线条进行编织组合，形成大小镂空对比的嵌套编织纹理，透光板内收设计，让光源的比例更为纤细，配合外罩纹理，形成大小光斑排列的酒店感。

私宅庭院

生长的
美学

——精品花园设计细部解析

02

公共商业花园

让游客愿意停留更久的时间，
吸引人流，聚集人气，提高知名度。
视线引导、场景引导、社交引导

山石艺术！绿意生长的置石花园

08 天目里下沉庭院
•Maison Mōree Courtyard

项目位置：浙江省杭州市西湖区天目山路

占地面积：约 160 m²

场景：高端商业中庭，下沉庭院

记忆点：禅意氛围、小尺度大空间、置石艺术、铺装艺术杭州天目里项目是一个综合性的艺术园区，园区内有三个下沉庭院，以"水""风""空"为主题，由枯山水大师枡野俊明主持营造。在水庭院里，水由两部分组成，一个是结合下沉庭院背景墙营造的叠瀑水流，另一个是与铺装融合交错的镜面水湾。

材料方面，景石采用了柏坡黄品种，分为立面起伏的景石堆砌和铺装碎拼，既作为视觉背景，也让游客行走其中。体验"走到水与水之间""与水合二为一"的感觉。

植物没有过多堆砌，骨架树以枫树为主，强调点位和空间的布局关系，地被以苔藓和点缀的观叶植物为主，整体风格禅意自然。

总体来说，庭院模拟自然，融入艺术和造园技法，在天目里这样强调艺术氛围的园区里显得自然协调，能让游客驻足细品。

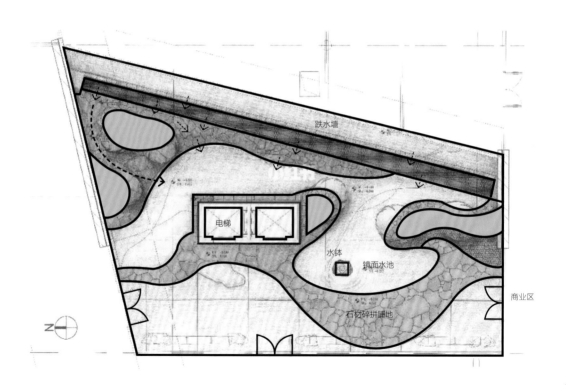

天目里如何打造视觉记忆点？

1.氛围营造：统一背景底色，精简造景元素，利用光影和水声调动视觉听觉体验。

主色调：黑色水景、暖黄色石材

天目里下沉庭院

叠瀑水声

2.置石艺术：外在构图起伏均衡、内在看似严丝合缝，实则透气立体。

拼接自然缝

柏坡黄拼接

景石构图走势

3.小尺度大空间：巧借天光，用水反射光影景致。

扶手栏杆

蓄水池

回水口

流水面跌水

接水石

溪流

洗墙射灯

红枫

多孔盖板

流水钵

石墩基座

红枫

紫薇

玉簪

棣棠

柏坡黄石板碎拼

碎拼汀步营造美学

从天目里中庭花园的石板铺装上，我们看到了碎拼路面既有节奏感又不失自然古朴的天然质感。而碎拼路面作为禅意庭院中常用的铺装技艺，想要实现好的效果，要做到自然不乱，有节奏但不能太规律，做到去人工感：

1. 碎拼石块分为大块和小块，大块视作留白，小块拼缝则更有细节和变化。

2. 大块留白的块石成组斑块状排布，斑块呈现大小对比，在构图上规避对称，前后呈三角形错落布置。

3. 小块拼接的块石讲究拼接的延续性和节奏感，在排列上规避拼缝的平行，前后呈长短边带角度拼接，形成自然过渡。

4. 整体来看，大块和小块互相咬合，规避对称，规避平均分配，有主次权重，有大小角度变化。在结构布局中，有一条自然的脉络串联能够让整体铺装既自然，又显得不凌乱，具有透气的美感。

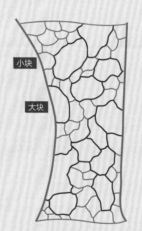

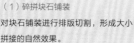

（2）主次块石脉络

大块作为构图骨架，小块提供脉络和细节。

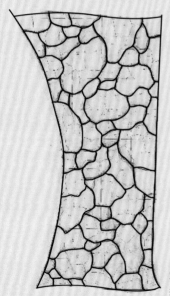

（1）碎拼块石铺装

对块石铺装进行排版切割，形成大小拼接的自然效果。

（3）构图的留白和节奏

整体拼接讲究块面的留白和脉络的串联，在一条脉络的串联下，把所有的元素进行冲突对比后形成构图上的均衡协调。

精工细作！宝藏级商业中庭花园

09 华采天地商业中庭花园
• Huacai OneMall

项目位置：江苏省南京市建邺区江东中路 258 号
占地面积：约 4700 m²
场景：沉浸花园、旋转楼梯、景观看台、互动水景
记忆点：沉浸观赏草 、艺术色彩、融合空间、材料精工细节

生长的美学——精品花园设计细部解析

南京华采天地的商业中庭是一个非常适合打卡拍照、停留休憩的商业花园。有趣的是，这是一个改建的花园，在改造前，此区域是一个大而空的铺装广场，很难聚集人气，也无法与周围商业产生联系和互动。改造后中庭由广场转变为花园，花园带来人气，让商业有了温度。

吸引眼球、体验舒适的商业户外花园对于商业氛围将有重大溢价提升，人气能带来流量转化，增强商业功能，形成一个互相促进的正循环效应。

华采天地商业花园如何助力提升商业调性？

1. "网红"元素出片：采用观赏草塑造浪漫氛围，点景红色旋转楼梯聚焦视线。

2.功能划分清晰：花园结合商业功能需求合理排布，空间上分隔，视线上联系，互相渗透，保持商业氛围的连续性。中央广场景观台阶在活动期间可作为看台使用。看台另一侧划分为三块不同体验花园，用水景和观赏植物衔接过渡。不同区域视线可以互动，且视野开阔，创造出人看人的热闹场景，红色旋转楼梯作为视觉焦点，给不同区域提供不同的拍摄取景角度。

3.工艺细节高标准：材料异形加工，对缝排版精细化，体现花园档次和精工细作的品质。

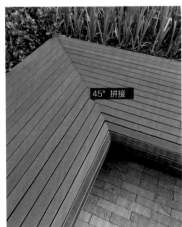

香橼

无尽夏绣球

天堂鸟

黄花鸢尾

互动涌泉

狐尾天门冬

肾蕨

金叶石菖蒲

龟背竹

亮晶女贞

黄花鸢尾

错缝铺贴

错缝工字铺砖

50mm×200mm
芝麻灰荔枝面

50mm×200mm
芝麻黑荔枝面

象耳芋

黄花鸢尾

肾蕨

龟背竹

金叶石菖蒲

迷迭香

弧角拼接

台阶射灯

台阶和种植池对齐

40mm 压顶

高 25mm× 宽 30mm

20mm 叠级 +5mm 拉槽

磨砂亚克力灯带

隐蔽式扶手泛光

底部悬浮楼梯

材料细节工艺美学

    华采天地的中庭花园给人一种高品质精工细作的观感体验，原因在于设计师对材料进行了充分的细节设计。工艺细节是设计还原落地的滤镜，做好轮廓工艺、材料衔接收边处理、光影层次营造等，可以显著提升材料的品质感。

（1）轮廓：尽量让轮廓清晰，线条挺拔。利用材料拼接角、材料厚度、增加收边条等方式都可以强化轮廓线条的存在感。

（2）材料衔接：尽量避免不同面的材料硬碰硬衔接，材料拼接区域往往是视线容易关顾的地方，通过收边材料内凹或外凸等形式，使拼接区域形成视觉焦点或弱化过渡。

（3）光影层次：利用材料与光照形成的光影变化，增加材质的明暗关系，能够让观感更有变化。

（1）5mm海棠角

宽边海棠角能够给材料阳角增加一条光影线条，增加了材料的轮廓层次，让线条更立体。

（2）30mm内收踢脚线

内收踢脚线能够给材料阴角增加一条进深的阴影线条，给予材料悬浮感，让层级更立体。

（3）窄边木平台+隐藏卡扣

防腐木和竹木通过隐藏卡扣与龙骨固定，可以规避木条表面开洞打钉眼，结合修长的窄边比例和铺贴缝，能够形成现代精致的木平台铺贴效果。

（4）折边踢脚线

折边踢脚线能够让墙面和地面的衔接有个材料转换的衔接过渡，也可以保护墙面底部经久耐用。带折边的内凹踢脚线不仅让墙面底部有悬浮的立体感，还能让墙底的线条感更清晰。

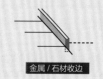

（5）立条收边

铺装立条收边可以防止绿化带在雨天的冲刷下造成泥土污染路面，还能给铺装的边界增加清晰的线条层次，增加收边的立体感。

创意庭院细节！古为今用的典范

10 青果巷院落景观
•Qingguo Lane

项目位置：江苏省常州市天宁区古村巷
占地面积：约 87000 m²
场景：中式江南园林，古风街巷
记忆点：青瓦白墙、小院群落、创意小景、青瓦拼花青果巷是常州保存较为完好的的历史文化街区之一，改造共分为两期。如果说一期更像是传统韵味的历史古街，那二期则融入了更多时尚和现代的元素，既塑造出东方园林的美感，又实现了新旧建筑的和谐融合，最终打造成一个时尚与传统交织的特色文化活力街区。

在空间上，保留了原有历史街区梳齿形道路格局，通过立体街巷、空中庭院等创新设计手法，营造连续的屋顶造型和趣味性的底层空间，创造出各具特色的人看人的氛围场景。

在材料上，通过灰砖、青瓦、白墙等传统元素，用现代东方语言营造简约现代的新东方园林之美。

总体来说，青果巷的改造是文化、历史、美学、商业的一次完美融合，是历史文化街区结合当代审美和生活方式改造的成功案例。

视觉记忆点的打造

1.氛围营造：在街巷的空间围合中沉浸体验，利用青瓦、灰砖、白墙、石板塑造符号记忆。

仿古灰砖

主色调·白墙青瓦、暖黄色石材

青果巷院落景观

2.差异化体验：白墙青瓦巷道串联着各类差异化体验的江南小院，不仅保留了东方园林的造园技法，还在造景元素上保留了很多设计细节，经典耐看。

花窗镂空镌刻半园相关名人字号

青瓦立铺

卵石立铺

白色卵石花蕊

景石漏景

瓷片拼花

瓷片拼花

3.创意小景：利用传统材料结合现代审美，创造精致耐看、可细品的小惊喜。

形式1

形式2

形式3

形式4

形式5

铺装标准段

陶罐

常春藤

4.简约的标识：场景中的导视系统设计简洁清晰，标识作为简洁的符号和环境融合紧密。

5.材料的序列演绎：在整体青瓦白墙的素色场景氛围里，通过青瓦、石板、铺装拼缝的变化制造耐看的设计细节。

青瓦材料工艺美学

青果巷对于青瓦的运用技巧让人印象深刻。在传统文化中,青瓦被视为一种吉祥的象征。

(1)扇形

(2)圆形

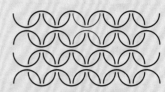

(3)蝴蝶形

(4)蝴蝶形收边

(5)波浪形收边

(6)云纹

(7)同向平铺

(8)反向平铺

(9)花街铺地轮廓一

(10)花街铺地轮廓二

繁花灿烂！顶级商业自然花境美学

11 SKP 商业花园

•SKP in Chengdu

项目位置：四川省成都市武侯区天府大道北段

占地面积：约 190 亩

场景：街区式商业、花园体验、地标打卡

记忆点：园林式商业空间，高端商场的自然之力屋顶花园，沉浸野奢花境成都SKP是一个集购物、休闲、娱乐为一体的大型商业综合体，其景观设计融合了自然生态与高端零售，创造了一个沉浸式的自然购物环境。屋顶花园的设计灵感来源于蜀地织锦，纯净的自然花境是典型特色。

　　整个项目由地上的公园景观进入，通过花园步道将时尚、科技、艺术与设计相结合，并设计差异化的空间体验。

　　植物方面，花园绿化覆盖率高，以自然式花境为主要视觉效果，品种以多年生花卉为主，兼具低维护、疗愈效果和生态效益。

　　总体来说，SKP屋顶花园是一个可以漫步放松、拍照打卡、享受自然的生态空间，给商业带来了极具记忆点的景观溢价。

1.记忆点：利用植物打造沉浸式自然野奢花境氛围，不同品种成**斑块组合**，与传统组团植物景观效果形成较搭的差异体验。

2. 自然野奢花境：

SKP 商业花园

天蓝鼠尾草
深蓝鼠尾草
紫叶狼尾草
蓝羊茅
红宝石绣球
山桃草

天蓝鼠尾草
深蓝鼠尾草
蓝雪花

深蓝鼠尾草
山桃草
佩兰
细叶芒
无尽夏绣球

黄菖蒲
花烟草
天蓝鼠尾草
迷迭香
金叶苔草

深蓝鼠尾草

花烟草

斑叶芒

花叶玉蝉

狐尾天门冬

迷迭香

佩兰

狐尾天门冬

香橼

银杏

深蓝鼠尾草

天蓝鼠尾草

佩兰

小兔子狼尾草

紫叶狼尾草

深蓝鼠尾草

山桃草

天蓝鼠尾草

佩兰

细叶芒

（1）商业花园无法规避的各类设备箱通过垂直绿化美化处理。

（2）商场花园的外摆结合花境组合，营造花园街区的自然氛围。

野奢自然花境搭配美学

　　SKP屋顶花园设计大面积的自然野奢花境，可以弱化下沉式商业空间带来的压抑感，提升场景空间的亲和力。

（1）每个花境中，各种植物成块栽植，高低错落形成层次。

（2）细叶类植物需要空间映衬，给予足够的散开空间。

（3）草坪作为花境留白和定位的元素，其走向、大小是长效花境层次和空间感体现的重点。

（4）成片的斑块花境以一个主色系为基调，局部选择1～2个品种跳色点缀。

（1）下层植物

佛甲草　　　　　火焰南天竹　　　　芙蓉菊　　　　　百子莲

大吴风草　　　　无尽夏绣球　　　　狐尾天门冬　　　鸢尾

玉簪　　　　　　矾根　　　　　　　熊猫堇　　　　　银叶菊

（圆叶/皱叶/花叶）

生长的美学——精品花园设计细部解析

（2）中层植物

水果兰

鼠尾草
（天蓝/深蓝/萨利芳）

马樱丹

马利筋

佩兰

彩叶杞柳

山桃草

花叶玉蝉

木贼

大滨菊

蓝星花

朱蕉

（3）上层植物

假蒿

蒲苇

海芋

象耳芋

银叶金合欢

天堂鸟

森系浪漫！生活市集新街区的植物美学

12 麓坊中心
•Lufang Center

项目位置：四川省成都市双流区麓坊街 93 号

占地面积：约 34000 m²

场景：商业广场，剧场看台，外摆集市

记忆点：商业潮流街区，绿意包裹，雨林风花境麓坊商业中心的植物美学体现在其精心的景观布局和植物配置上，营造出自然、和谐且具有季节变化美感的商业环境。

设计巧妙地利用了水景、灯光等元素，创造出丰富的视觉效果，游人可以在其中漫步、观赏、休闲，沉浸于自然的魅力和生命的活力中。

花境设计是麓坊中心的亮点，自然雨林花境充分体现了雨林的主题，将各种热带植物融入其中，让人仿佛置身于热带雨林中。

总体来说，麓坊中心商业花园构建了一个让旅客感知自然、体验互动、享受休闲的综合空间。

麓坊中心花园是如何助力提升商业参与感的?

　　1.森系视觉氛围：利用丰富的墨绿色系观叶植物作为视觉环境色，在此基础上，将可参与的体验空间利用更多原生自然的跳色进行点缀。

主色调：森系花境

麓坊中心
Maifang Center
in Luhu

　　2.创造聚合空间：绿意环绕的花园看台搭配阶梯式竹木艺术平台，给商业空间提供更多的场景可能性。

蓝花楹

花园里的售卖亭

外摆区

错缝铺设

侧壁射灯

阶梯式竹木平台

超大视角荧幕展示

地埋射灯

置物边几

围合式下沉集会空间

3.创造停留机会：场所内不同区域穿插设置了可休憩的定制坐凳，赋予几何设计感，在空间上通过坐凳种植池、移动花箱、围合布局等形式，让游客可以随处停留，创造植物环抱的社交场景。

坐凳背后设置背景绿植，增加休憩安全感

渐变穿孔坐凳挡板

悬浮花箱坐凳

春羽

箭羽竹芋

象耳芋

富贵蕨

孔雀竹芋

仙羽蔓绿绒

色彩金属镂空外摆

镜面体块坐凳

4.精致的细节：通过铺装跳色设计、定制盖板、座椅扶手、小品雕塑，体现场景设计感。

端头圆角处理

不锈钢镂空排水盖板

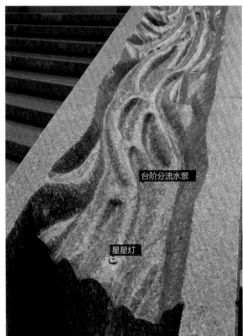

台阶分流水景

星星灯

生长的美学——精品花园设计细部解析

置物边几

圆筒侧壁氛围灯

天堂鸟

仙茅

王冠蕨

狐尾天门冬

鸟巢蕨

富贵蕨

涌泉水景

箭羽竹芋

大吴风草

仙羽蔓绿绒

雨林风植物搭配美学

　　麓坊中心商业广场通过植物协调配置，弱化了广场硬质材料与高差带来的生硬感，让人感到自然惬意。其中最大的亮点在于选择了一系列雨林风格的观叶植物。想要搭配出有层次的雨林植物效果，需要注意植物在上、中、下三个层次的选择与搭配。

（1）上层适合喜光、叶片大的品种，类似组团植物中的骨架乔木，能够给植物群落提供张力和气势。

（2）中层适合光照适中、长势成团的品种，类似组团植物中的灌木球，能够给植物群落提供丰富的层次和饱满的绿量。

（3）下层适合耐阴的品种，类似组团植物中的地被，能够提供色彩和开花点缀。

（1）下层植物

大吴风草　　　　孔雀竹芋　　　　红盖鳞毛蕨　　　　百子莲

苔草/金叶石菖蒲　　　鸟巢蕨　　　　玉簪　　　　绣球

（2）中层植物

迷迭香　　　　富贵蕨　　　　箭羽竹芋　　　　仙羽蔓绿绒

王冠蕨　　　　花叶玉蝉

（3）上层植物

海芋　　　　仙茅　　　　象耳芋　　　　天堂鸟

夜色的温馨！超人气街角花园

13 虹桥公园
• Shanghai Hongqiao Park

项目位置：上海市长宁区遵义路 101 号
占地面积：约 18700 m²
场景：现代花园，草坪剧场，公园步道，城市客厅
记忆点：人气社交，沉浸花境，夜间温馨氛围

虹桥公园位于上海长宁区虹桥商圈，占地约1.87万m²。它最初在1987年6月1日作为儿童交通公园开放，2006年改建并更名为虹桥公园。随着时间的推移，公园的绿化景观和基础设施逐渐老化，因此进行了改造提升，旨在提升周边居民的生活品质，提升城区建设环境，塑造新的城区文化风貌。改造过程中，建设方多次与周边商圈代表、居民代表等商讨，最终增加了跑道、特色植物配置、大型活动场地等元素。

在功能方面，设置了虹桥源亭，结合弧形座椅和下沉台阶，营造出剧场感和聚集感，设置了400m²的活动空间，可用于举办各类公益活动和小型活动。结合保留的香樟树打造了"S"形地景艺术，提供了休憩赏景的空间。

在设计层面，地标虹桥源亭采用现代简约风格，使用ETFE膜材料，结合灯光创造出轻盈、漂浮的艺术观感。围绕园路和聚合场地增加了花境、艺术坐凳、灯具，用自然的绿化搭配艺术新材料，给人以新颖沉浸式的花园体验。

在细节和材料上，云朵花园异形起伏的水洗石丝滑流畅，休憩场地的石材和金属的收边排布都整齐精准，跑道融入了"吃豆人"涂鸦创意，整个场地的材料和灯光高度结合，夜晚更能体现质感和氛围。

总而言之，虹桥公园的改造提升了公园的功能性和美观度，设计风格与大众审美完美契合，是人气街角花园的经典案例。

曲线受光面形成褪晕光感

地埋射灯

水洗石

不锈钢收边

公共商业花园

1.记忆点：以异形水洗石结合射灯营造柔和渐变的韵律氛围，在人气聚集的区域设置标志性造型廊架，形成"打卡"景点。

射灯渲染氛围

灯带勾勒轮廓

虹桥源亭艺术廊架

其他区域仅设置氛围灯，凸显焦点

起伏饱满的草坡

草坪抬升减少通行踩踏

穿孔不锈钢

ETFE 气囊膜材料

支撑结构泛光细节

挂树向下射灯，替代传统庭院灯，无需灯杆

草坪艺术坐凳

点状洗墙射灯

片植观赏草

2.高品质细节：以异形水洗石材料结合射灯营造柔和渐变的韵律氛围，在人气聚集的区域设置标志性造型廊架，形成打卡标志。

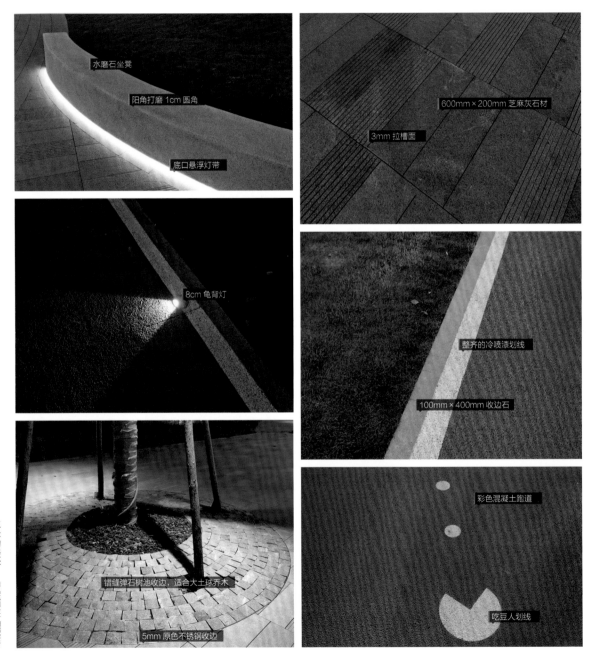

水磨石坐凳

阳角打磨 1cm 圆角

底口悬浮灯带

600mm×200mm 芝麻灰石材

3mm 拉槽面

8cm 龟背灯

整齐的冷喷漆划线

100mm×400mm 收边石

错缝弹石树池收边，适合大土球乔木

5mm 原色不锈钢收边

彩色混凝土跑道

吃豆人划线

空间泛光氛围美学

　　像虹桥公园这类城市公共花园的高频使用时段往往集中在傍晚和晚上，舒适的泛光设计会提升花园的氛围，聚集人气，可通过合理规划功能性照明灯、氛围射灯、轮廓灯来实现。

（1）功能性照明主要分为庭院灯、草坪灯、壁灯。庭院灯提供场地骨架功能性照明，草坪灯和壁灯在近人尺度提供小范围的氛围照明。主要控制点在于照明范围、功率、色温以及灯罩材质。

（2）射灯主要包含以下几类。

　a. 洗墙灯：照射立面墙体，主要控制点在于选择点光源还是线光源，和墙体的照射距离，以及光源的照射角度。

　b. 射树灯：照射植物的姿态和树冠，主要控制点在于射树灯的照射点位，以及本身选型和尺寸。

　c. 地埋灯：分为提供单向照明和自身点缀发光两个类型。主要控制点在于地埋灯的位置、光源尺寸、防眩光细节。

（3）轮廓灯主要就是 LED 灯带，主要控制点在于 LED 灯的材质、安装工艺。

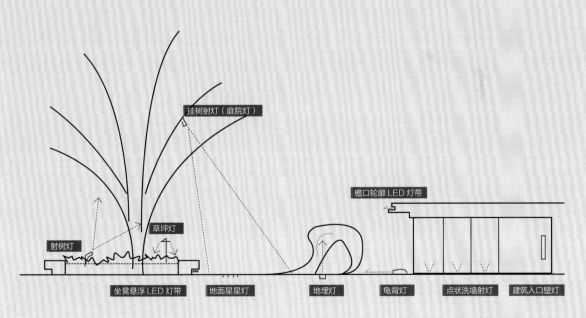

挂树射灯（庭院灯）

檐口轮廓 LED 灯带

射树灯　　草坪灯

坐凳悬浮 LED 灯带　　地面星星灯　　地埋灯　　龟背灯　　点状洗墙射灯　　建筑入口壁灯

14 上生·新所
•Columbia Circle

项目位置：上海市长宁区延安西路 1262 号
占地面积：约 32000 m²
场景：旱喷广场，花园外摆，花园步道
记忆点：艺术风情，人气社交，沉浸花境，材料拼接美学上生新所的前身可以追溯到上世纪20年代，当时这里是被称为"哥伦比亚乡村俱乐部"的休闲娱乐场所，主要服务于外籍侨民。这片区域被称为"哥伦比亚生活圈"，是上海最时髦、最高雅的名流社交地，体现了当时上海的国际化面貌。新中国成立后，哥伦比亚乡村俱乐部和相邻的孙科故居被上海生物制品研究所接管，成为了科研实验区，为国民健康做出了重要贡献。2016年，上海生物制品研究所搬迁，万科集团中标了这块地的城市更新项目，开始对这片区域进行改造。在改造过程中，项目注重保护建筑的多样性和历史文脉，采取"修旧如旧"的手法，对历史建筑进行了修复完善。

在业态方面，不仅有商业区和办公区，还利用开放空间汇聚了各种文化艺术活动，呈现出浓厚的外摆文创氛围。

在设计层面，以保护和再利用的策略为主，延续建筑的历史价值；而户外花园则更多强调了公共空间的开放共享性和视觉记忆，利用建筑围合创造的不同尺度空间，围绕聚集交流、体验互动、花境艺术、外摆展陈创造了利于人气聚集的功能场所。

在细节和材料上，精致的铁艺、复古考究的地砖拼花让空间更加精致，自然艺术的野奢花境给复古的氛围注入了年轻的活力。

总而言之，上生新所整体的花园感观既有建筑的厚重感，又有耐看值得品味的装饰细节感，还导入了颇具生机和活力的花境和艺术软装，让花园持续带来新的体验感受。

公共商业花园

1.记忆点：紧凑的街区空间，串联互动水景、花园外摆、花境步道、网红书店等文创业态，整合出浓郁的小资风情韵味，细节精致耐看，让人愿意长时间停留。

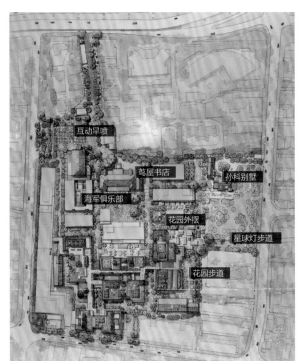

2.美学细节：铺装、台阶、坐凳都经过精细化设计，序列感的铺装设计别具动感。

100mm×100mm 自然面弹石

200mm×200mm 错缝

弧形错缝异形加工

5mm 分缝

600mm×600mm×50mm 压顶

50mm 宽立饰面

100mm×100mm 弹石

材质1

材质2

材质3

跳色渐变转换区

300mm×300mm 跳色

3.植物搭配：植物以观叶品类为主，有一些混种的搭配形式是亮点，营造出自然有序的野奢花境氛围。组团花境以斑块状呈现，通过叶片大小、植株高矮对比，形成花境层次。

空间材料衔接美学

上生·新所作为一个街区改造项目，有着很多不同属性空间的融合衔接，在这些衔接区域，设计师对材料的处理非常考究，让不同区域的衔接过渡顺畅，精致耐看。

1.不同部位材料衔接场景：墙面、顶面、地面是每个花园都有的共性材料场景，三个面材质的衔接决定了花园细节品质的高低。

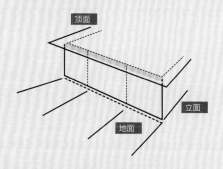

（1）三个面材质肌理的衔接，无论是错缝、对缝都可以让收边区域观感精准且有设计感。

（2）墙顶、墙地之间的衔接可通过增加内凹、踢脚线等细节让收边更精致，规避材料直白拼接的生硬感，也能保护收边区域免遭碰撞，增加耐久性。

2.不同关系的材料衔接场景：空间中的材料区别主要体现在尺寸、方向、颜色、质感这四方面，巧妙利用材料的统一和对比关系做衔接处理。

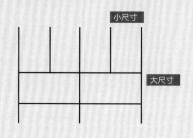

（1）不同尺寸规格的材料可以通过大块和小块的对缝、错缝衔接来形成好的拼接关系。

（2）不同方向的材料可通过颜色、质感有差异的第三类材料进行衔接处理，让方向的差异连同颜色和质感形成整体的对比冲突，反而让材料的衔接变化形成有意而为之的秩序。

（3）若空间内有若干无序的元素需要考虑材料衔接的问题，可以将材料的方向、肌理、颜色自然化，这样可以更好衔接空间内的元素。

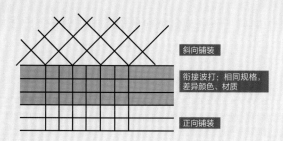

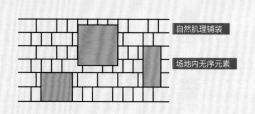

精致耐看！小尺度商业花园街区

15 幸福里
•Shanghai M+Xingfuli

项目位置：上海市长宁区番禺路 381 号
占地面积：约 1500 m²
场景：步行街区，休闲外摆
记忆点：文创艺术，小而美，铺装美学

上海长宁幸福里街区作为上海城市老旧更新的一个案例，在物理空间上实现了从旧厂房到时尚文创产业园的转变。换新后的项目体现了丰富多彩的故事性和独特的魅力。

幸福里的前身是上海橡胶制品研究所，这个曾经的工业遗址在2015年开始了它的转型之旅。改建后，幸福里成为一个集办公、休闲、娱乐、交流、活动于一体的文创产业园，不仅为周边居民提供了一个全新的社交场所，也成为热闹的小资花园街区。

在空间方面，内街采用开放式空间布局的形式，将建筑、商铺、外摆展陈、花园绿化串联融合，空间属性的复合化是最大特点。

在设计层面，多模块跳色拼接的铺装肌理、镜面水景、小品雕塑极大丰富了内街的精致度和活力，具有很强的现代感，工业风的建筑立面搭配垂直绿化和外摆绿植又营造了年代感的氛围。

总的来说，幸福里花园街区通过工业遗产的保留与再利用、现代设计的融合、生态绿化的重视、开放式空间的布局、多功能空间的打造，以及艺术与建筑的结合，创造出了一个既具有历史韵味又充满现代活力的独特空间，为上海的城市景观增添了一份独特的魅力。

公共商业花园

1.记忆点：铺装肌理丰富耐看，尺度适宜，点缀小品、水景、外摆等把原本小尺度的街道营造出细节多、元素丰富的商业氛围。

2.园林小品：场景内的艺术外摆、雕塑给小尺度街道空间创造了人文艺术气息，把通道空间转变为停留空间，让游客随时可以停留下来，聚集人气。

3.铺装：街区的设计排版层次丰富，通过三种颜色、四种规格的铺装组合出醒目的图案和场地肌理，进一步弱化通道的狭长感，结合花园外摆营造休闲氛围。

生长的美学——精品花园设计细部解析

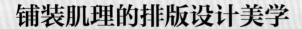

铺装肌理的排版设计美学

　　幸福里街区的铺装肌理丰富精致，而如此多的铺装尺寸能够精准拼接，重点需要对材料的排版逻辑进行深度梳理。这里分享一个模数对缝的尺寸规划小技巧：

大板和小板对缝的计算原则：

小板尺寸 a+ 缝宽 h+ 小板尺寸 b+ 缝宽 h= 大板尺寸 c+ 缝宽 h

　　以常规铺装设计尺寸模数100mm、200mm、300mm、600mm、1200mm为例，如果希望达到图示这种纵横对缝的效果，就需要对具体材料尺寸进行调整，主尺寸的铺装相对简单，只需要把缝宽扣除，就是材料的加工尺寸。

（1）若缝宽为3mm，则铺装加工模数为 97mm、197mm、297mm、597mm、1197mm。

两块对一块，对应计算原则，(297+3)+(297+3)=597+3

（2）若缝宽为5mm，则铺装加工模数为 95mm、195mm、295mm、595mm、1195mm。

三块对两块，对应计算原则，(195+5)+(195+5)+(195+5)=(595+5)

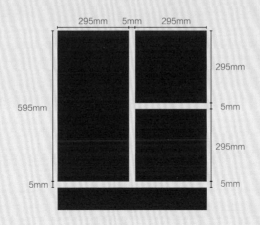

公共商业花园

浪漫沉浸！玄武湖畔空中露台花园

16 览秀城屋顶露台花园
•Roof Garden in Splendors

项目位置：江苏省南京市鼓楼区中央路 201 号
占地面积：约 800 m²
场景：屋顶花园，户外社交，观山赏湖平台
记忆点：打卡拍照，沉浸植物，几何汀步，艺术构架作为一个重新改造的写字楼群屋顶的露台花园，不仅需要有绿色生态的办公环境，还需要具备多样化的使用场景。花园核心功能是能够把办公人员从写字楼里吸引出来。所以花园的构造逻辑主要分为：

视觉上，大小组合的圆形铺装带来的几何冲击力，极具设计感，第一印象深刻。

功能上，聚合吧台、下沉卡座、休憩坐凳、眺望广场，可满足办公人群日常工作之余的放松、会客需求。

技术上，通过铺装架空设计和轻质土回填，创造了被植物环绕的沉浸式体验，对立面影响观感的管线和风口做视觉遮挡，减少对视线的干扰。

改造后的露台花园适合打卡拍照、观山赏湖，偶尔还可作为企业员工合影的场景，利用率显著提升。

公共商业花园

记忆点：大小组合的圆形气泡图案，白色水磨石夹杂着蓝色玻璃，搭配满栽木贼，营造出简约的休闲体验场景。

镂空坐凳

水磨石吧台

艺术风铃构架

下沉卡座

预制水磨石架空铺装

木贼

紫金山

玄武湖

建筑入户门

观赏植物

视觉遮挡设备

4000K 射灯

磨砂亚克力风铃

5mm 分缝

对缝

5mm 分缝

不锈钢收边

10-15mm 深灰砾石

量天尺

金边龙舌兰

屋顶花园设计思考逻辑

1.花园定位

1.1　明确需求：为什么要改造此项目

提升办公楼的整体环境，给办公人群一个休憩场所。

1.2　明确客群画像

（1）写字楼办公人群

a.户外办公：宽大的桌子

b.户外休息：聊天、抽烟、放空、思考空间

c.户外会议：面对面聚合空间

（2）访客

a.户外会客：相对安静的空间

b.拍照打卡：记忆点标签景色

2.设计需要考虑的因素

2.1　场地限制

（1）了解屋面参数条件

a.建筑屋面处理：防水处理

b.屋顶结构荷载：不能超过荷载参数

c.屋面各类设施：燃气、风井、排水沟、给水管

d.楼下情况：屋面设施与楼下关系，花园建造对楼下影响

（2）屋面拆除

a.与建筑屋面搭接区域处理，例如防水、外墙、幕墙等

b.现场有无可以保留、重复利用的元素

c.破坏屋面后的解决方案

（3）露台花园自然条件特点

a.风大

b.建筑南侧光照充足（北侧光照缺失）

c.覆土厚度

d.养护难易程度

2.2　使用者需求

（1）拍照打卡

a.视觉记忆点，激发拍照的举动

b.舒适的体验感，能待得住

c.有时效变化，避免审美疲劳

（2）可活动空间

a.同时使用人数

b.场地面积

（3）看湖看山观景点

a.观景的方式

b.看景元素的包装美化

（4）户外会议空间

a.桌椅的形式和尺寸

b.坐姿

c.氛围

d.配套电源、照明等设施

（5）交流休憩空间

a.坐姿的朝向

b.交流的环境尺度和氛围

2.3　改造经费

（1）总的改造预算

（2）场地的改造内容

a.拆除搬运

b.修复元素

c.改造面积

d.隐蔽工程

17 玖园会所花园 • RKP Jiu Yuan

项目位置：江苏省常州市漕溪路与延政大道交叉口

占地面积：约 8000 m^2

场景：石榴花园、元宝枫林、湖景、盆景园

记忆点：东方禅境、度假体验、置石艺术、步移景异、材料巧思常州玖园是一个CLRC（Continuing Life Retirement Community）康养社区，即"持续生活退休社区"，是专为老年人设计的综合性居住和护理社区。这种模式起源于美国的CCRC（Continuing Care Retirement Community，持续照料退休社区），并针对中国的社会环境和文化传统进行了优化和升级。强调长者的生活质量和个性需求，而不仅仅是提供基本的照料服务。

玖园会所是该生活配套项目，设置有泳池、食堂、茶室、儿童活动区、老年大学、KTV、SPA、棋牌、手工、长者学院、图书馆、陶艺、书法等活动空间。会所花园则提供禅意游园的体验，通过整体氛围的营造，游园动线的规划，匠心细节的雕琢，多方面增加了会所花园的体验记忆。

会所花园如何提升体验记忆点？

1.氛围营造：通过简约的空间元素，利用属地材料、植物、装饰构建安静简约又不失尊贵品质的高端会所氛围。

主色调：禅意地被、青瓦、毛石

玖园会所花园

公共商业花园

2.动线体验规划：结合会所功能营造差异化的空间体验，入口讲究门面，二进酝酿情绪，三进体现调性，中心花园充分调动情绪。

入口

二进

三进

中心花园

3.定制感工艺细节：通过设计巧思、植物营造、工艺雕琢、人性化构思等设计细节增加会所的定制感，提升体验品质。

片岩横铺

石材碎拼

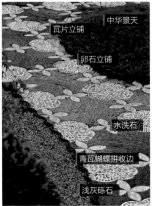

中华景天

瓦片立铺

卵石立铺

水洗石

青瓦蝴蝶拼收边

浅灰砾石

玖园的 12 个细节美学工艺

1.镂空编织网艺术屏风：通过渐变方格图案的排列组合，形成半透的窗花效果。

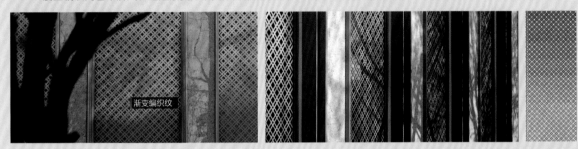

渐变编织纹

2.迎宾圆形水景：落水池壁双曲线弧度，使落水均匀连续滑落，视觉上呈现出温和的斑驳片状水纹。在底部让水流流速减缓，减少对砾石的冲刷。

曲面设计（上下双弧度）

3.艺术屏风：屏风格栅的比例按照1:2，间隔1:3排布，让屏风整体观感轻盈且视觉呈现半透的效果。在格栅中心区域布置花瓣状的石材装饰，给屏风增加视觉聚焦点。

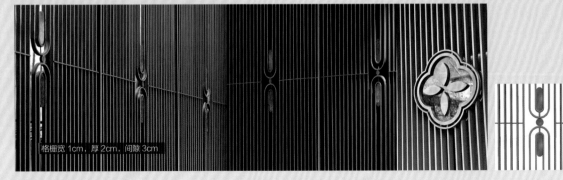

格栅宽 1cm，厚 2cm，间隙 3cm

4.石材坐凳logo雕刻：在石材坐凳的一侧增加图案的雕刻，使坐凳在视觉上更具有定制感，增加品质细节。底部基座内收，让坐凳有悬浮的精致感。

石材阴刻

悬浮内收底座

5.石头雕塑小品：在石头上点缀趣味性的小品，使场景更加生动。

竹叶模拟鱼竿

6.窗花框景：以简洁的景框为前景，将斜飘紫薇作为框景中的画面，在画框底部用石头作构图呼应，增添小品元素，让整体画面更有意境。

窗花框景

梅花窗框细节

紫薇

小品

公共商业花园

7.金属屋面瓦：风雨连廊和湖边茶亭采用金属瓦坡屋顶的形式，用浅灰色铝板收边，深灰色屋面金属瓦错缝拼接，营造精致横向肌理。

8.龟背式灌木栽植：将灌木通过饱满龟背式的栽植工艺进行起伏曲线栽植，立面上高低起伏，平面上内外交错，最终形成相互咬合起伏的饱满效果。

9.片岩立铺：将长短不一的片岩，通过竖立铺贴的方式，营造层次自然的肌理状态，通过黄色的跳色片岩增加点缀的趣味感。

10.黑山石群组点缀：将黑山石起伏棱角和植物、种植池、铺装的坡向、块面穿插拼接。

11.氛围泛光点缀：将草坪灯、地埋灯、雕塑泛光、扶手泛光、拴马桩小品的亮化结合物品元素的形态特点，做差异化呈现。

12.花街铺地拼花：将长短不一的片岩，通过竖立铺贴的方式，营造层次自然的肌理状态，通过黄色的跳色片岩增加点缀的趣味感。

公共·商业花园

117

生长的
美学
——精品花园设计细部解析

03

餐饮庭院

给客户营造直观种草的风格印象

如何提高餐厅调性和环境溢价

风格、视觉、功能、价值

侘寂古风！纯粹高级的餐厅美学

18 太古里元古云境餐厅
•Taikoo Li Yuangu Yunjing Restaurant

项目位置：四川省成都市锦江区中纱帽街 8 号成都太古里

风格：中式美学；侘寂

场景：高端用餐环境、花园餐厅

记忆点：空间利用率、景观餐位、诧寂美学

元古云境餐厅着重于创造一个静谧、雅致的空间，通过巧妙的空间布局和材料选择，将传统中式元素与现代设计手法相结合，打造出一个既具有东方神韵又不失现代感的餐饮空间。餐厅位于太古里的二层和三层，入口设在二层，主体营业区则在三层。这种结构带来了一定的运营挑战，但同时也为设计提供了创新灵感，通过一条神秘而悠长的楼梯走道连接两个楼层，引领顾客进入一个冥想的庭院。

三层平台拥有一个精致的小院，虽小却是餐厅的核心所在，院子以天地为背景，竹石点缀其间，营造出亲近自然的氛围，顾客可以感受到二十四节气的韵律，体验风雨四季的自然之美。

材料采用老石板、老木板、实木、竹、花岗岩和仿古水泥地面等，这些自然简朴的材料不仅提升了空间的气质，也呼应了元古品牌简单、自然、温暖的精神内核。

餐厅内部分为厨房、包间、洗手间、吧台、院子、散台区；这些区域虽然各自独立，但又与中心庭院保持着紧密的联系，每个区域都通过精心设计的动线和视线引导，既保证了顾客的舒适体验，又确保了服务的高效便捷。

依靠什么样的造景塑造餐厅侘寂美学印象？

1. 视觉记忆：砾石营造自然又精致的质感，大小和形状的变化带来了丰富的层次感；仿古水泥增添了古朴和沧桑感；陶罐增添艺术感；和纸起到隔离作用，又能透出柔和的光线，为用餐氛围增添温暖和雅致；老木头纹理和色彩与花园的其他元素相得益彰。

仿古水泥

砾石

陶罐

和纸

老木头

主色调：侘寂风
配色：深棕色
太古里元古云境餐厅

2.景观价值利用：

（1）迎宾门庭：入口楼梯起到引导顾客流动的作用，增加客人预期。

（2）餐台对景：用餐的同时能够欣赏到美丽的风景，增加用餐愉悦感。

（3）用餐环境：视觉享受，空间分隔，平衡放松。

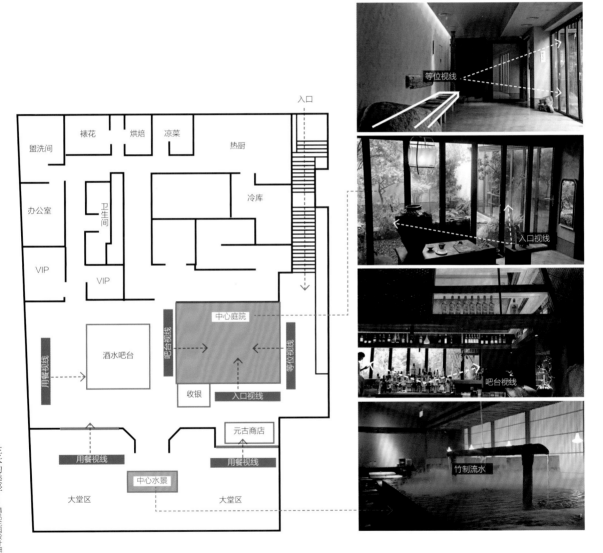

元古云境是如何提升品牌价值的：

1.采用具有体量感的材料，减少零碎的拼接，例如整块台阶、整块造型景石、石板台面。

（1）汀步和石板可以作为空间界定元素，在庭院中形成路径、平台或休息区域，通过平面的设计引导顾客的流动，也为庭院创造不同功能区域。

（2）植物的柔软和生机与石板的坚硬相互映衬，营造动静结合的美感；大面积使用这些材料让庭院更加统一协调，给顾客一种整体美感。

2.点缀的工艺品采用作旧处理的材质，营造厚重的年代感，植物也相应采用了一些禅意永生花。

3.软装陈列是体现品质最关键的要素，在颜色、工艺、肤感、灯光等方面重点设计。

（1）灯光设计：软装与射灯的结合，营造了独特的光影效果。不同的灯光设计可以创造不同的场景和情感体验。

（2）材质选用：木质的桌椅与仿古水泥地面营造了古朴自然的氛围，这些材料的质感和纹理增加了空间的层次感和丰富性，让顾客获得愉快轻松的用餐体验。

木质桌椅

吧台区

室内盆栽

灯光聚焦

元古云境诧寂风设计的美学元素

　　元古云境餐厅在诧寂风氛围的营造上，运用了很多点缀气氛的小景元素，这些自然、简约、质朴的物件表现时间的流逝和岁月的痕迹。以下是一些值得借鉴的诧寂风元素布置。

　　利用老木头雕刻出各类造景元素。

老木头门头

老木头坐凳

老木头装饰条

　　一些符号、材质类的视觉元素都采用仿古的设计手法，简约又带有古朴的气质。

整打石材

仿古导视标牌

老木板 LOGO

　　利用陶罐、花盆结合植物的搭配，创造禅意温馨的植物小情趣。

黑松

迷迭香

发财树

铜钱草

花叶蔓长春

陶罐

狐尾天门冬

南天竹

19 树下酒馆
• Tavern under the Tree

项目位置：四川省成都市锦江区滨湖路幸福梅林

风格：东方美学

场景：茶饮、甜品、餐食、酒馆为一体的多功能生活馆

记忆点：东方禅意、打卡拍照、雅致用餐、仿古装饰物件

树下酒馆不仅是一个可享受美食和美酒的地方，还是成都人文化生活的一部分。从院门口进入，木屋、绿植、潺潺小溪，仿佛穿越到诗意的仙境。宁静而舒适的环境，非常适合夏日乘凉、聚会和拍照"打卡"，因此，也被誉为"成都后花园"。

空间上，小桥流水的设置引导客人从入口进入酒馆，同时整个空间布局注重流线合理性以及松弛感，使人们能够自然地移动并体验不同的区域。

视觉上，东方禅意的细节和装饰是庭院的重要部分，通过琉璃瓦、雕花、屏风等营造东方文化韵味。

总体来说，合理的布局和空间规划是酒馆运营的关键，纯粹的东方禅意主题风格让人记忆深刻。

树下酒馆如何塑造禅意印象？

1. 视觉记忆：细节和装饰是营造东方禅意氛围的重要部分，琉璃瓦、雕花、屏风可以增加东方文化的特色。

（1）汀步：具有自然、朴素的特点，引导人们的行进方向，营造静谧平和的氛围。

（2）青瓦/茅草：传统的屋顶材料，为庭院增添了传统和古老的氛围。

（3）泥墙：传统的墙体，具有质朴的特点，用来围合庭院的空间，营造出一种安静和私密的氛围。

2. 庭院价值利用：花园式餐厅环境，通过木栈桥、流水、雾森、茶亭这类造景元素营造出平静、舒适和放松的东方意境，让客户近距离感受自然，从而提高景观商业价值。

3.庭院植物搭配：

（1）植物选择以观叶品类为主，开花品类为辅，追求植物形态的美学，点缀颜色雅致的开花植物，整体氛围沉稳而有意境。

（2）不同颜色的绣球花带来丰富的色彩层次，增加庭院的吸引力。

树下酒馆仿古装饰物件的搭配美学

　　树下酒馆通过大量仿古装饰物件的点缀，营造出古典、优雅的环境氛围，让顾客在进入餐厅后，情绪立刻随之调整。在用餐体验上也做到有景可看，将餐饮体验和社交体验进行了融合。

　　1.利用仿古物件营造场景的稳重宁静感，定制小品增加庭院的视觉记忆点。

（1）纸灯笼：挂在树枝或者屋檐下，温馨浪漫。

（2）纱幔：柔软轻盈的装饰品，也可作为遮阳帘运用在顾客休憩喝茶的场所，优雅神秘。

（3）木栈桥：连接庭院不同区域，穿越水池和草地，增添自然质朴的气息，增强顾客与庭院的趣味性和互动性。

（4）石灯笼：一般放置在庭院入口及花园路径处，白天作为装饰品增加庭院艺术感，夜晚提供照明形成视觉焦点。

（5）小水钵：通过水流的波动创造水波纹的效果，为庭院带来动态的美感。

灯笼　　　　纱幔　　　　木栈桥　　　　石灯笼

水钵+石砌　　　　石灯笼　　　　铃铛　　　　老木头

暖帘+茅草顶　　　　铁艺拉手环　　　　LOGO+泥墙+木材　　　　竹子柱头+粗麻绳

2.软装材料以木质为主，靠背坐垫大多以编织纹为主，配合一些木雕小品，体现手工制作的精湛工艺，实用又美观。

仿古老人椅

木头雕琢

组合花盆

编织皮座椅+陶罐

竹子座椅

室外桌椅

室内桌椅

室内桌椅

如何打造一个沉浸禅境的品茶氛围？

20 黄小姐的小院
● Miss Huang's Courtyard

项目位置：四川省成都市温江区生态大道

面积：约 200 m^2

风格：东方禅意

场景：下午茶，雅致游园

记忆点：雅致用餐、堆石艺术、山水意境

黄小姐的小院设计灵感来源于古典园林，融入了东方美学，给人一种静谧和雅致的感觉。院内外种植了各种姿态优美的树木，包括从海外进口的树木。精心挑选的大石头，为小院增添了自然之美。锦鲤池不仅美观，还能给访客带来治愈性体验。小院提供预约制的下午茶服务，包括精致的点心和茶，让顾客享美景的同时也能品美味。这里景观会随着季节的变化而变化，给访客带来不同的体验。

总体来说，小院的造园手法和工艺专业、精湛，每个空间都可自成一景，让宾客感受到极致的茶禅一味。

餐饮庭院

黄小姐的小院如何塑造东方禅意庭院印象？

1.视觉记忆：通过自然的材料和精致的定制物件的结合，营造古朴中蕴藏精致的意境美学。

主色调：禅意传统配
色、深棕色

黄小姐的小院
Miss Huang's
Courtyard

2.庭院价值利用：庭院作为如诗如画的窗景，提供商业价值，山水间的休憩空间营造出围炉煮茶的惬意生活场景。

黄小姐的小院如何提升庭院品牌价值？

1.选用姿态和树形独特且宜构图组合的植物品类，提升场景氛围。

2.场景内的软装陈列、精品摆件是提高精致度的重要审美元素。

（1）墙体圆形镂空的设计元素，增加了室内和室外的联系，也为茶室带来自然的光线和通风，且作为一个视觉焦点，可以欣赏到室外的风景，与自然连接。

（2）软装布置提供了一个共享空间，让顾客可以围坐一起共享喝茶乐趣，蒲团的柔软和舒适性增加了空间的放松感；墙上的挂画，倾向于自然山水，个性十足。

黄小姐的小院的禅意山水造景美学：

　　黄小姐的小院通过对景石、苔藓、砾石、水系、造型树等自然元素的组合搭配，营造出沉浸式的山水园林氛围。每种元素在场景中各司其职，通过构图组合、节奏变化、色彩搭配创造联系，在场景中不同的角度塑造多重的视觉画面和情绪体验。

（1）景石的形状、纹理和颜色与周围的植物和环境相呼应，苔藓的运用增添了自然质朴的氛围，让整个院子更具生态感。

（2）入口的石灯笼体现仪式感，汀步引导顾客流动，且把庭院划分为不同的功能空间。

（3）苔藓如柔软的绿地毯，在其上点缀了草坪灯，为庭院创造出不同的氛围和照明效果，形成了一个与自然融合的宁静庭院空间。

（4）松树高大挺拔，树形优美，树形和枝干的伸展形成自然的框架，作为庭院主要景观元素，营造出开阔高大的空间感。

（5）鱼池的鱼儿游来游去，让人舒缓平和心灵放松。

大块置石做骨架堆砌

盆景点缀

石头底部绿植压脚

幸福梅林的世外桃源

21 薛涛的院子
•Xue Tao's Courtyard

项目位置：四川省成都市三圣乡幸福梅林幸福西路路口

面积：约 1000 m²

风格：中式田园园林

场景：中餐、咖啡、书店、民宿

记忆点：青砖黛瓦、盛夏荷塘、亭台楼阁、田园印象薛涛的院子坐落于幸福梅林景区内，周围绿树成荫，水池里荷花玉立。餐厅由两栋老式建筑组建而成，既保留了传统建筑的风貌，又满足了现代餐饮的需求。

空间上，大门口是礼仪迎宾空间，青砖围墙和竹子栅栏营造出私密和安静的就餐环境，两侧垂直绿化增加绿量，形成沉浸感的活力界面，书屋和鱼池的设置为顾客提供社交空间。

视觉上，色彩和材质同中式复古风格相呼应，以传统木色作为主景，带有年代感的灰色作为基调，木质打磨后的光滑和灰砖的粗糙对比有种自然的秩序感，再点缀绿色增添空间活力。

物料上体现传统中式文化的复古风格，以青砖围墙、竹子栅栏、中式瓦棚营造古朴、温馨的氛围，使人感受到中式文化的典雅。

总体来说，院子在灰砖墙和浓郁绿量的包裹下，仿佛一处世外桃源。

餐饮庭院

薛涛的院子如何塑造古朴文艺的印象

1. 视觉记忆：采用自然材料进行序列编排，形成有设计感的古朴氛围。

2. 庭院价值利用：夏日赏荷；惬意下午茶时光；悠闲清净的阅读氛围；精品菜馆。

生长的美学——精品花园设计细部解析

薛涛的院子如何提升庭院品牌价值？

1.中式元素作为符号点缀，雕花、红木、屏风可增加文化底蕴，原汁原味地复原古典建筑风格特点。

（1）独特的LOGO和建筑风格，强调了品牌的独特性和辨识度，增强品牌形象。

（2）中式仿古的木质结构和仿古摆件，营造出浓郁的传统文化氛围，体现庭院的文化内涵和历史感。

耐候钢板标识

陶瓷拼花

木格栅

阁楼栏杆

仿古木纹雕刻摆件

石墩雕刻

老木板牌匾

精美地雕

木头柱子为啥放在石墩上？

石墩可以增加亭子的稳定性，防止由于地面潮湿或者雨水侵蚀导致的木头腐烂，从而延长亭子的使用寿命；石墩本身也可以作为装饰元素，雕刻各种图案，增添艺术效果。

2.软装以木质宽桌为主，宽松的空间能够给客户带来松弛感，再结合对景设置能够停留的景观位，增加游园体验。

（1）茶室的四周可以观赏到荷塘的景色，让人感受到自然的美好，同时与整个茶室的木质元素相呼应，自然和谐。

（2）软装的摆放、美人靠的设计让人舒适放松，享受喝茶的乐趣。

茶桌

长条木质餐桌

木纹吊顶＋木桌椅

美人靠

餐饮庭院

141

薛涛院子里的田园美学印象

　　薛涛院子里给人的直观印象是质朴、宁静，但源于田园高于田园——通过对材料的排版设计，形成艺术化的图案视觉效果。让人印象深刻的不是田园风格，而是蕴藏其中的高级艺术感。

　　1.通过材料排列拼接，形成艺术化的图案视觉效果，田园氛围里蕴藏着高品质的精工匠心。

（1）毛石挡墙的粗糙质感和竹子的自然形态结合，营造了自然质朴的感觉，同时也增加了景观的层次和立体感。

（2）灰砖和瓦片作为传统材料组合在一起，形成了独特的拼花图案，增加了小院的趣味和艺术性。

（3）青砖可砌成种植池形式，也可以作为地面拼花，实用而美观，丰富了纹理和装饰性。

毛石挡墙

瓦片拼花+汀步

青砖种植池

青砖"人"字纹拼花

　　2.对于场地周边和近人尺度的材料，采用木、竹、砖、石这些乡野材料。整体观感自然野趣，但在材料的工艺方面体现细节和品质，例如竹节的排序，木门的门套造型、拉手，台阶的拼缝等。

竹篱笆+荷花

竹篱笆+整打石材水缸

石材门框+木门

青砖台阶+盆栽

3.植物以观叶类为主，不同的绿色组合，既素雅，也不缺层次。

红盖鳞毛蕨

银姬小蜡

芙蓉菊

金冠女贞

狐尾天门冬

长春花

花叶鹅掌柴

睡莲

大隐于市的宋代隐逸美学餐厅

22 图宴 • Pictorial Feast

项目位置：四川省成都市高新区天府五街 999 号港汇天地

风格：宋代生活美学

场景：商务宴请、家庭聚会、户外茶亭

记忆点：高端印象、宋式风格、氛围光影、艺术品陈列图宴餐厅的设计以宋代美学为背景，将14首宋代诗词作为文化载体，或婉约或豪放，以其独特的节奏与韵律，融入到空间设计中。在此基础上，还考虑了餐饮的功能，并运用了如3D mapping投影等科技艺术，增加了空间的多功能性和互动性。

空间上，图宴餐厅布局巧妙，将公共空间想象成宋代的深巷，引导顾客穿梭于不同的功能区域，体验宋代深巷的美学。餐厅内部的光影设计别具一格，加上适宜的材质，营造出静谧而温馨的氛围。

在材料的选择上，图宴餐厅大量使用了自然材质，如木材、石材等，以及松树和苔藓等自然元素，强调自然和谐的设计理念。

总体来说，餐厅花园以一种沉稳的色调搭配自然的物料，点缀精致的软装小品，营造出隐逸私密的花园餐厅氛围。

图宴如何塑造宋代生活美学印象

1. **视觉记忆**：注重自然材料的运用、传统元素的创新、灯光与植物设计。

（1）灰色砾石、苔藓和灯光的点缀营造自然质朴的感觉，与宋代美学中崇尚自然的理念契合，水池边的片岩铺在池底，增加水景的美感。

（2）竹子篱笆作为栏杆装饰，与宋代美学的雅致风格呼应，植物的装饰不仅增加了景观的层次感和立体感，还充满自然的生机。

（3）汀步路径的设计，将用餐者引导到较为私密安静的空间。碎拼道路穿过水景让人体验趣味性，水景流动的声音使人心情平静，水中的锦鲤增加了观赏价值。

2.庭院价值利用：高端隐逸美学意境餐厅、高端入口设计、通过空间与细节能感受宋朝文化的清雅。

国宴餐厅细节品质提升元素体现

灯具造型讲究精致小巧，氛围光讲究见光不见灯，点缀光讲究色温和亮度，凸显光的氛围，追求体感的柔和。

（1）侧面壁灯从台阶侧面打光，不仅提供照明功能，还增加了空间的层次和立体感。

（2）吊灯、高杆蜡烛灯、柱头灯为局部照明和重点照明，通常用于强调餐厅的特定区域或发挥聚焦作用，营造浪漫温馨氛围。

（3）场景内讲究仿古装饰细节，墙角的植物，廊架、墙顶、地面的衔接，水景园路的收边，材料选择都有讲究。

萼距花

狐尾天门冬

长城板吊顶

氛围烛台

碎拼石板路

收水沟片岩散置

柱底基座

迷迭香

萼距花

六道木

生长的美学——精品花园设计细部解析

图宴留白空间的宋式美学陈列

图宴在室内外巧妙利用留白陈列展示艺术品，不仅给游览动线增加视觉焦点，也能提升整体品质和调性。

（1）餐厅仿古陶瓷藏品和陶罐艺术，传达出对宋代传统美学的尊重和传承，为顾客提供一种独特的历史和文化体验。

（2）禅意景石与水景搭配，让顾客感受到禅意宁静。

（3）室内与室外联动，室内绿植通过射灯凸显其姿态美，迎客松不仅显示迎宾功能，还为餐厅不同的动线角度提供视觉焦点。

仿古藏品

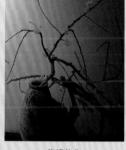
陶罐艺术

禅意景石

定制耐候钢板

LOGO安装

吊顶艺术灯

迎客松

格栅

杂木花束

格栅

餐饮庭院

米其林川菜筵席的庭院美学

23 芳香景 • Fragrant Scenery

项目位置：四川省成都市金牛区一环路北一段中铁鹭岛艺术城

风格：东方禅意庭院

场景：下午茶、四方天井、聚会、宴席

记忆点：绿竹青松、白沙环列、附蕨石组、檐幕撑窗、软装摆件芳香景隐匿于闹市中的四合院，体现了中式庭院的静谧与典雅。庭院的布局体现了中国园林艺术的精髓，旨在营造一个和谐而富有诗意的空间。庭院中挂书画、存音律、揽器物，将艺术与自然景观相结合，为食客提供了一个充满文化氛围的用餐环境。

空间上，典型的四合院设计，围绕中央花园，并通过连廊屏风形成障景，步移景异。

元素上，设置枯山水、架空木平台、石灯笼等东方元素，渲染整体禅意氛围，在重要对景和视线转折区域，利用背景墙设置民俗挂画，增加了场景的文化艺术气息。

总体来说，庭院有着较强的向心力，但又不会一眼看透显得乏味。中心花园讲究留白，围绕花园的连廊则精心雕琢，经得起细品。

1. 视觉记忆：精致的木雕结构结合秩序井然的屋面瓦拼接，创造出中式精工细作的庭院氛围。

主色调：中式传统配色、木色

芳香景。

2. 庭院价值利用：私密中式四合院营造出闹市中的一处静谧环境，围合式回游动线充分利用了庭院的对景效果。

3. 庭院诗情画意印象细节：四合院建筑空间凸显出庭院的观景价值，实现移步换景的目的。

（1）建筑风格简洁、质朴，与庭院的自然元素相得益彰，瓦片的排列和重叠形成独特的韵律和节奏。

（2）庭院中间栽植的大树不仅增添了自然气息，还可遮阴，与苔藓地被和散置的砾石形成自然宁静的景观。

（3）注重动线的对景营造，以及景观元素的细部刻画。镂空雕刻、漂浮感结构、方格窗花、竹节吊顶都能体现中式造园的精工细节。

刺槐

竹节瓦片细节

鸡爪槭
镂空图案
悬浮平台
肾蕨
翠云草

竹节细节
遮阳竹帘
方格窗花

走廊对景

芳香景静谧雅致的摆件软装美学

　　芳香景在小空间里点缀精美小摆件和禅意小品，在大场景里塑造微缩景观，让体验感更为丰富，室内外通过统一风格的软装进行联系，视觉上扩大了室内的空间。

1. 砾石和卵石散置铺装，不规则形状和不同尺寸组合，让庭院显得自然和谐。

2. 木栏杆的纹理和颜色与自然环境相协调，瓦片房顶的曲线和层次感与庭院中的其他元素相互呼应，营造出一种古朴雅致的氛围。

3. 石灯笼是禅意庭院中常见的元素，古朴雅致，通过合理的布置和摆放，可以使石灯笼成为庭院中的视觉焦点，并与其他景观元素形成对比和衬托。此外，石灯笼还代表着光明、智慧和祥和。

木栏杆　　　　　　　　　　青瓦　　　　　　　　　　深灰卵石

趣味汀步　　　　　　　　　石灯笼　　　　　　　　　浅灰砾石

4.陶瓷小人是亮点。选择陶瓷摆件时可以考虑其大小、形状、颜色等因素，确保与整个空间相协调。

5.运用自然的材质，如木材、石材、竹子等，以及淡雅的色彩，如灰色、米色、棕色等，打造出一种自然感觉。

陶瓷小人摆件   石灯笼+水钵   陶罐盆栽组合

6.场景中点缀艺术品展陈，增加场景符号的定制感，尤其结合动线转折、视线聚焦的区域，让艺术品处于最佳观赏点。

这些元素为餐厅增加了一份历史和文化的厚重感，提升了餐厅的艺术氛围和品牌价值。

纸灯笼   精美挂画   禅意摆件   藏品展示

7.室内软装以中式为主，搭配墙面的艺术画幅，用餐氛围稳重大方。

藏在川西第一道观的仙境餐厅

24 宽三堂·Kuan San Tang

项目位置：四川省成都市青羊区一环路西二段

面积：904 m²

风格：中式唐风古朴

场景：下午茶、商务宴请、家庭聚会、四合院落、下沉中庭

记忆点：古色古香、窗景巧思、色彩记忆

宽三堂位于成都市青羊宫旁，青羊宫作为"川西第一道观"和中国著名的道教宫观之一，为宽三堂提供了丰富的文化背景和历史底蕴。宽三堂的设计理念来源于《老子》中的道家哲学，强调"谷"作为生命繁衍的场所，"水"作为生命源泉的意象，体现了道家对世界与生命的看法，采用"天圆地方"的设计方式，通过二层室外平台的曲线边缘和红色玻璃栏杆，以及一层方形庭院的造景，创造出"一池三山"的意向。

空间方面，庭院设计以自然为核心，通过结构钢柱序列重组视线，实现步移景异的效果，同时弧形旋转楼梯连接一、二层空间，提供了不同的观景视角，室内空间设计注重与自然环境的互动，如花园包间与青羊宫景色相映成趣，连续包间通过木格栅推拉门实现空间的通透性。

视觉方面，餐厅的南入口处，设计了一条蜿蜒的红色景墙，这是对东方传统美学的致敬。红色在中国文化中象征着喜庆、热烈和生命力，同时也代表着东方的神秘和深邃，红色景墙不仅吸引人们进入"谷"的深处，还散发着浓郁的东方传统美学气息，庄重而又温馨。

物料方面，灰瓦是代表中国传统建筑的元素，与红色景墙形成对比，显得沉稳而古朴。木色则来源于自然，给人以温暖和舒适的感觉，与灰色形成和谐的搭配。木色和灰色的结合，不仅体现了自然之美，也传达了一种朴素无华、回归自然的生活哲学。

总体来说，律动的空间规划结合大胆的色彩运用让宽三堂的中庭花园魅力独具。

餐饮庭院

1. 视觉记忆:

四合院布局
围合式中庭
下沉庭院
包间后院
餐厅侧门
迎宾前院
包间后院
餐厅正门
镂空窗花
曲线围墙

主色调：红色和灰色

宽三堂

2. 庭院价值利用: 创造灵性与艺术的空间，感受盛唐文化和健康养生之道，为餐厅注入内在精神底蕴。

餐厅正门采用内退设计，透过院门看到院内红色丝带的元素，结合门口迎宾的红色灯笼，对红色视觉记忆做了节奏的铺垫。外围界面采用红色曲线围墙设计，在围墙上设置镂空窗花，强化展示界面的符号记忆。侧门区域的圆形拱门作为入口迎宾区，颇具礼仪感。

曲线围墙

餐厅侧门

曲线围墙

餐厅侧门

场地内采用弧形设计，将中庭空间扭曲成若干观赏面，格栅的运用增加了空间的分隔，又保证了视线的互动，很好地解决了停留空间和通行空间的融合过渡，镜水面和绿岛的设置增加反射的光影和场景的活力。

室内与院外互相映衬，增加半室外和室外的景观位休憩体验。

宽三堂如何塑造传统与时尚的印象碰撞？

（1）色彩运用：传统红色墙与现代玻璃形成鲜明的材质对比，在视觉上增加了层次感，展示了传统与现代的对话，为空间带来了独特的美感。

（2）材料运用：让光线穿过玻璃，增加了空间的通透感；弧形旋转楼梯栏杆与传统建筑形成了有趣的对比，

（3）造景技艺：一楼和二楼提供了不同观景视角，院内造景，院外借景，窗棂对景，利用传统园林的流线组织原则使游人身处其中，处处皆是不同的体悟。

通过装饰类小品点缀空间细节，让视线停留之处具备慢赏细品的符号元素。

在造型工艺方面尽可能致敬东方古典造园技法，将艺术的秩序和层次融入中式符号，创造有属地特色的文化细节。

宽三堂的色彩美学

　　宽三堂红色的墙和红色的玻璃栏杆营造出强烈的视觉冲击力。红色作为一种鲜活而富有活力的颜色，充满热情活力，能够吸引顾客的注意力。红色元素的使用方式主要分为以下几种：

（1）红色作为块面背景，能够吸引视线，这时候红色范围内的元素将凸显，作为场景的主要焦点展示。

（2）红色作为展示界面，结合几何轮廓和镂空形态创造出颜色、形态融合的记忆点。

（3）红色作为空间线条，勾勒场景中骨架轮廓序列，能够让空间视觉更有层次，凸显轮廓记忆。

（4）红色作为视觉焦点，给主景赋予色彩记忆，凸显主景在画面中的醒目视觉效果。

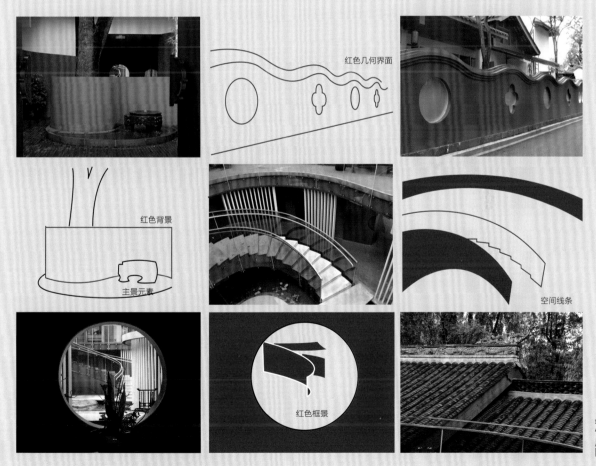

红色几何界面

红色背景

主景元素

空间线条

红色框景

餐饮庭院

04
民宿酒店庭院

给客户营造深刻的场景体验和环境体验

带动客房价格和品牌知名度

记忆点、标签、文化、品质

顶级田园度假！先选对材料

25 官塘安麓
•Ahn Luh Guantang

项目位置：四川省成都市双流区正兴街道官塘村
占地面积：约8000 m²
场景：高端酒店住宿、独栋合院、餐饮、SPA
记忆点：川西民居建筑风情、田园野巷、自然式花境、垒石技艺安麓（Ahn luh），是与安缦度假村（Aman resorts）的创始人Adrian Zecha先生共同创立的项目，是高品质生活方式度假酒店品牌。安麓的设计将中国的传统文化与现代文明相融合，命名富含深意，"安"代表安定、平和，而"麓"则是山脚的林木，象征着每间安麓酒店都是隐居之所，以其独特的东方神韵和静谧的避世体验而著称。

官塘安麓酒店坐落于历史悠久的官塘村，拥有34间客房，面积从70m²至786m²不等。客房的命名富有诗意，如"碧云阁""栖子阁"和"安麓阁"旨在让宾客能够在私密的空间内体验到"一水护田将绿绕，两山排闼送青来"的意境。酒店周边环境可供宾客进行丰富的户外活动，如徒步、骑行等。

选址上，酒店的设计注重与自然环境的和谐共生，巧妙地将建筑与周围的山水、植被等自然景观融合，创造出宁静雅致的氛围。

风格上，立足于川西建筑风格，传承川西民居建筑的特色，如夯土墙、茅草顶、木梁架等，让宾客能够体验到四季不同的古韵风貌。

视觉上，对光影精心处理。通过照明的引导，用光影雕琢出酒店的空间韵律和淡然气质，增强了景观的层次感和情感表达。

酒店竹林

周边田园

民宿酒店庭院

景观如何支撑高端酒店定位

　　酒店以"与自然和谐共生"为核心思想，大量运用当地材料和植物，使建筑与周围环境融为一体。石头、竹子、木材等自然元素的运用，让人仿佛置身于一个古老而宁静的自然村落。与此同时，酒店还巧妙地融入了川西民居的建筑特色，青瓦土墙，飞檐翘角，每一个细节都凸显出浓厚的地域文化。

　　1.独特体验：东方美学搭配田园野巷的空间布局，建筑和自然环境融合创造的狭长通行空间，让人沉浸其中。

夯土板

酒店调性

　　东方韵味融入品牌调性，传承川西民居建筑风格。

川西民居风格建筑

木料

青石板

茅草

竹篱

私享田园小院

红砂岩

12

文化符号

　　田园野巷，专注健康原生态的生活方式。

2.视觉记忆：酒店以本土植物为主，采用自然式的布局方式，使植物与周围的自然环境相融合。

（1）材料与植物的高匹配度，考虑到了植物叶形、色泽、长势等各方面。用野奢风格的花境组合搭配原生态的毛石材料，营造出原汁原味的蜀地风情。

黑金配色酒店标识

桂花

天堂鸟

鼠尾草

马樱丹

自然惬意酒店主入口氛围

红梅

结香

美人蕉

原生态毛石墙

毛鹃

仿古青石板铺地

山麦冬

马樱丹

天堂鸟

桂花

山麦冬

红梅

（2）注重长势高矮与叶形对比变化，开花和观叶的组合，增加植物的立体层次，形成了高低错落、层次分明的植物景观。

三角梅

马樱丹

山麦冬

琵琶

圆锥绣球

竹篱笆围栏

澳洲朱蕉

鼠尾草

山桃草

蒲苇

马樱丹

夯土墙茅草顶

青石板嵌草铺地过渡

山桃草

鼠尾草

马樱丹

蒲苇

三角梅

生长的美学——精品花园设计细部解析

3. 材料的搭配运用：中式自然配色+蜀地文化材料。

火山石

竹篱

木料

青石板

夯土板

茅草

石垒种植池

嵌草石板路

竹篱笆

青石板踏步

木窗格

石水钵

磨盘

祥云阴刻石板桥

石鼓

雨水盖板

安麓酒店垒石造景的构图美学

　　安麓酒店内部多用自然材料打造田园场景，垒石作为入口logo景墙、挡土墙、绿化种植收边、跌瀑流水山石等多种景观元素出现于酒店各个场景中，是体现野奢景观氛围的主要表达形式。

　　在进行景石造景时，利用自然或加工后的景石散置或堆叠成景，构图搭配至关重要，以下是一些构图搭配的要点：

（1）讲究平衡和比例，在景石造景中，石头的大小、形状和数量需要保持视觉上的平衡。大小对比，形状拼接协调没有锐角，骨架石块三两成组构成主要框架。

（2）讲究空间和布局，石头在空间中的布局，包括其位置、高度和方向都有考量。石头可以作为焦点主景，也可以作为背景与植物整体组合。石头的位置和高度决定了整体构图的重心。石头的方向影响整体势的走向。

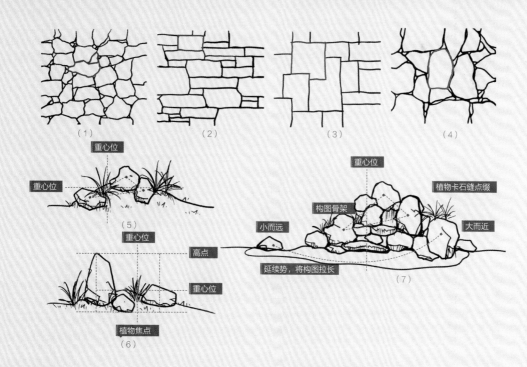

（1）　　　　　　（2）　　　　　　（3）　　　　　　（4）

重心位
重心位
（5）

重心位
高点
重心位
植物焦点
（6）

重心位
植物卡石缝点缀
构图骨架
小而远
大而近
延续势，将构图拉长
（7）

视觉松弛！以环保为名，忠于自然美感

26 三亚阳光壹酒店

•Sanya 1 Hotel

项目位置：海南省三亚市海棠区海棠南路 4 号

占地面积：约 10 hm²

场景：海岛度假酒店，户外网红透明泳池，餐饮酒吧

记忆点：属地化设计、生态环保、回归自然、材料艺术拼接

阳光壹酒店（1 Hotel）是由喜达屋酒店和度假村集团（Starwood Hotels & Resorts）的创始人 Barry Sternlicht 创立的现代豪华酒店品牌，以其对自然和可持续发展的深刻承诺而闻名。每一家 1 Hotel 都致力于通过使用可再生材料、节能技术和本地采购的产品来减少对环境的影响。三亚阳光壹酒店坐落在风光明媚的海棠湾，这里以其旖旎的自然风光和优越的地理位置而闻名。酒店的设计灵感源自岛上的原始美景，采用了大量的可再生材料和本土绿植，将绿色生活融入每一处细节之中。

空间上，通过重新设计建筑的立面，创造多层花园和屋顶平台，营造梯田般丰富的绿化景观层次，形成开放的空间。酒店北翼的屋顶原本设计为空中生态农作花园，后改为户外空中庭园"天空吧"，增加了餐饮出入口、内部空间与其他空间和建筑的连接性。

物料上，酒店的建筑和室内设计大量采用火山石和红杉木等本地天然素材，融合自然通风与采光、遮阳隔热等绿色智能技术。

绿植上，酒店内部和外部遍布绿植装饰，郁郁葱葱，活力满满。

民宿酒店庭院

营造极具亲和力又不失奢华度假体验的方法

1.材质体系：

（1）结合自然光线和本地天然素材，如火山石和红杉木，同时使用了当地可回收材料，如火山石、废弃船木、铁皮等，最终风格既奢华又贴近自然。

（2）导视系统现代简约，以自然材料景墙作为背景。金属材质在毛面材料的映衬下清晰明了。

生长的美学——精品花园设计细部解析

2.空间层次：建筑群落错落有致、返璞归真，结合垂直绿化，空间层次丰富，光影变化细腻，富于体验感。

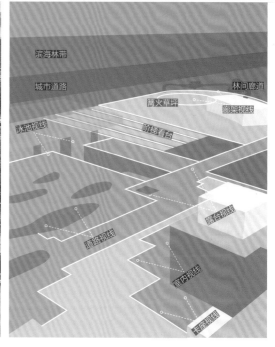

3.度假氛围：酒店设有多个户外休闲区域，如泳池、草地、热带花园等，充分考虑了自然元素的使用。亲子庭院、户外泳池、户外露营等主题场景边界感弱，空间充分留白，可随时停留。

4.植物搭配：采用了大量热带棕榈类植物，中层视野通透，地被点缀一些自然花境，体现热带度假风情。

木板拼接工艺美学

　　木质材料极具多样性与可塑性。在实际应用中，每种木板拼接方式都体现出独特的视觉效果和结构特性，满足不同的设计需求和审美偏好。主流的拼接方式分为工字拼、步步高拼、田字拼、鱼骨拼、人字拼等形式。

（1）"工"字拼　　　　　　　　　　　（2）步步高拼

（3）"田"字拼　　　　　　　（4）鱼骨拼　　　　　　　（5）"人"字拼

民宿酒店庭院

177

利用原有生态环境打造森林氧吧！疗愈系禅修酒店

27 坐忘森林 • Theone Hotel

项目位置：四川省成都市都江堰市青城山镇沙坪村 5 组
占地面积：7000 m²，总建筑面积 4000 m²
场景：温度茶室（品茶、观景）、七录草舍（书法、禅修）、隐食坊、
庭院套房、山景、溪景套房
记忆点：原始山林、疗愈活动体验、装饰摆件

成都青城山坐忘森林酒店是一家集度假、养生、文化体验和森林疗愈于一体的综合性精品酒店。设计灵感来源于《庄子》中的"坐忘"，即忘却自我，与自然和谐共存。酒店将艺术与自然景观相结合，融合现代设计和东方禅意。酒店沿溪而建，围绕静、镜、景三大元素，旨在让每一位到访的客人都能在这里找到让身心放空的休闲空间。

空间上，将酒店建筑巧妙地融入自然环境中，通过垂直和水平的布局，创造出不同的空间体验。

体验上，以水为元素的设计构思贯穿整个酒店，从中央静水平台到无边界泳池，再到森林温泉池，水的流动性为建筑带来了生命力和灵性。另外，丰富的文化体验活动，如森瑜伽、森呼吸、心愈场等，让客人在享受自然美景的同时，也能体验到青城山的道家养生文化。

物料上，更多采用木材、生态石板等材料，既展现了原始、生态的自然之意，又使建筑与山林相得益彰。

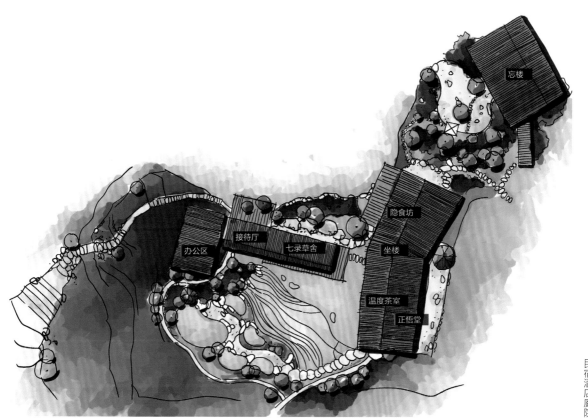

酒店选址原始自然，被森林环抱，让客人从下车至进入酒店都能感受到清新和宁静。

酒店的入口处设置了一片竹林，夹道相迎，将人引入清新幽静的氛围。

迎宾灯笼

竹帘围墙

隐于山林的酒店大堂入口

溪流潺潺下跌，坐可听泉赏景

坐忘森林酒店利用原生态环境打造高端酒店的方法

1.核心重点：如何高级地借景，实现1（酒店）+1（环境）>2。

立于山林，融于山林——不破坏原有生态，自然融入。**结合动线精准考量视线设计，带来未加修饰的惬意体验。**

人行动线

观景视线

茶座小憩，山间流水声环绕

平台视线　室内视线　组合观景点设计

180°环视山林，静坐书写

2.自然生态材料：酒店的建筑风格以现代中式为主，外部空间采用了大量自然生态材料，如木材、石板、瓦片，与周围山水融为一体。建筑内部则采用了简约、自然的装修风格，以原木色和白色为主调，温馨舒适。

防腐木

灰砖

自然石材

竹帘

瓦片

玻璃栏杆

灰砖

生态木材

竹帘

主色调：生态原色、原木色、石头原色

坐忘森林

原生态私享小院

4~6mm 白色砾石

青石板汀步

生态石板

原木栏杆

3.自然景观：在重点位置通过模仿自然野生的植物群落，形成层次丰富、自然生长的植物景观。避免过于规整和人为痕迹过重的绿化形式，自然而然，营造去都市化的疗愈氛围。

鸡爪槭

玉簪

萱草

大吴风草

粉花绣线菊

百子莲

民宿酒店庭院

坐忘森林装饰摆件的布景美学

在坐忘森林古朴原始的氛围下，装饰摆件的点缀更能体现品质，丰富视觉体验，增加令人惊喜的小情趣。

会舞动的树！山林间精致打造的私享庭院民宿

28 不宿·久之
•Busu in Qingcheng

项目位置：四川成都市宿仙社区 10 组 52 号
场景：酒店入口溪流、禅意庭院、茶室、周末放空
记忆点：红桥、古树、山野里的品质生活调性、杂木片林

青城山不宿·久之森林私汤民宿是一家位于成都青城山的高端禅意民宿，与周围的自然环境和道家文化深度融合，展现出独特的东方韵味。设计理念深受青城山道教文化的影响，旨在通过建筑与景观设计，诠释道家淡泊宁静的思想。设计师在初次到访基地时，被简单自然的环境所吸引，特别是通向寺庙的山间石板路、淙淙溪水、青苔覆盖的石壁，以及百年古树下的宁静，都成为了设计的灵感来源。民宿周围环绕着原生态的自然风景，包括茂密的竹林和桢楠林，让人仿佛进入了一个与世隔绝的世界。这里的自然美景和古朴的建筑相得益彰，是远离城市喧嚣的宁静之所。

民宿有赏景、抄经、品茶等活动，让客人能够深度体验和享受自然与文化的交融。民宿依山傍水，周边森林葱郁，其设计理念为禅意与宋风相融合，与周围的植被和自然景观相协调。民宿的空间命名与意境紧密相关，如"大观亭"和"清影"等。

总体来说，作为一个山野独家酒店花园，在原有自然资源利用和细节品质设计两方面，做到了很好的融合。

红桥掩映成为亮点，打卡点

顺流拾阶而上前往酒店

民宿酒店庭院

精心打造的山间禅意场景，大园串小景，早或晚，走或坐，林间小路或院落一角，随时随地都有景可观，有物可赏。

睡莲池

山林古树

石块垒墙

悬浮榻榻米木平台

活动草坪

石灯笼

苔藓

压角置石

杂木林

和纸

悬浮榻榻米木平台

碎拼路面

无尽夏绣球

内嵌砾石

中庭以蕨类作为主景植物，在景石、苔藓、汀步的咬合搭配下，充满禅意，又生机盎然。

造园细节元素提取

灯笼

惊鹿

小座

巧物

红桥

置石

石板

石灯笼

主色调：生态原色、原木色、石头原色

不宿·久之

竹条围合入口空间

草坪灯

金属悬浮LOGO

不宿|久之森林

嵌草石阶

石灯笼

竹栏杆

深灰砾石

过渡碎石

碎拼青石板

生长的美学——精品花园设计细部解析

190

杂木搭配构图美学

　　不宿久之酒店利用杂木充分与周边环境融合，分为轻松惬意。杂木造景最重要的就是搭配艺术，对苗木骨架姿态、冠幅形态、色彩、叶片质感和整体空间布局方面进行综合考虑。

（1）在构图中，平衡是关键。通过颜色、大小、形状和数量的平衡来实现。比如，深色和浅色的树木可以相互平衡，大型和小型的植物也可以形成和谐的视觉效果。

（2）在杂木搭配中，通过对比可以增加视觉冲击力，同时保证有统一的元素来维持整体的和谐。比如，可以通过颜色的对比来吸引视线，也可以通过树形对比塑造层次。基于这两者的对比，可以选用同类型植物保持整体杂木风格的和谐统一。

（3）通过地被的进退和起伏烘托杂木造景的层次和深度。景石和点缀的植物可以丰富杂木画面。

不同树形、颜色、高度的杂木品类

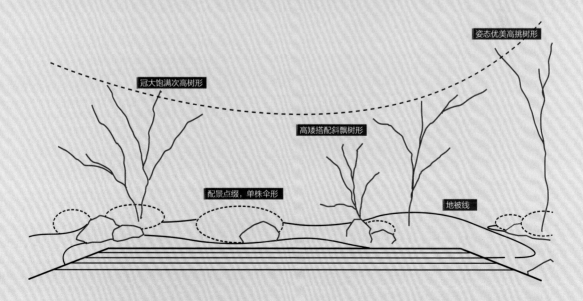

姿态优美高挑树形

冠大饱满次高树形

高矮搭配斜飘树形

配景点缀，单株伞形

地被线

穿越古今！清代宅院奢华酒店

29 博舍
•The Temple House Hotel

项目位置：四川省成都市锦江区笔帖式街 81 号
占地面积：约 35500 m²
场景：合院古建、套房及服务式公寓、咖啡厅酒吧、餐厅茶舍
记忆点：百年历史建筑翻新，属地风情、几何草地、灰砖艺术

成都博舍酒店是一家位于成都市中心的豪华精品酒店，它是太古酒店集团旗下居舍系列的一部分，是成都市政府文化遗产保育项目"大慈寺文化商业综合体"的重要组成部分，以其独特的设计理念和深厚的文化底蕴而著称。

　　酒店的建筑由两栋独立的"L"型建筑组成，环绕着中式庭院，其波浪起伏的地形使人联想到四川的梯田。

　　博舍酒店的设计灵感源自成都的传统文化和山川地貌。酒店的立体网状外墙设计灵感来自四川传统的织锦工艺，结合了木材、竹子、砖瓦及石材等元素，现代与传统互相辉映。

　　总体来说，作为一个翻新的案例，保留了重要的历史建筑，同时融入时尚潮流，用现代的设计手法演绎传统的材料美学，展现出了亦古亦今、亦中亦西的特色。

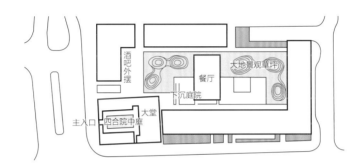

民宿酒店庭院

金属

灰砖

灰木龙骨

木纹

酒店强调文化体验和个性化服务：谧寻茶室提供以大慈寺素斋为灵感的精致素食餐点和优质茶饮，The Temple Café 咖啡厅提供全天候的法式小酒馆风格餐饮。此外，酒店还设有健身和水疗中心，让客人在享受现代便利的同时，也能体验到宁静与放松。

仿古建筑　蒲葵　天堂鸟　造型花钵　绿意环绕的氛围餐桌

慈孝竹　栀子花　漂浮感收边　睡莲　常春藤　肌理石材池底提升观感品质　下沉沉浸式用餐空间

新旧相依的融合，大隐于市的高级感

1. **存古**：一座建于清朝的笔帖式庭院伫立在酒店一角，精心修复后成为了酒店大堂入口，奠定了酒店古今交融的设计基调。重塑历史风韵，让住客抵达酒店就感受到浓厚的历史文化氛围。

灰砖墙面

保留文化元素符号

轴对称中庭格局

枫香

雕花

山菅兰

2. 论今：历史与现代的承接，灰砖起到了重要作用，文化与精致并存后自然而生一种高级感。

3. 灰砖元素的运用：灰砖作为一种传统材料，自身有一种沉稳、古朴的氛围，通过对灰砖进行序列铺排再创造，形成了虚实对比的窗花镂空效果。这一设计不仅体现了对传统建筑材料的尊重和再利用，同时也展现了现代建筑与历史的对话。

现代园林设计中的灰砖美学

    灰砖在中国园林建筑中的运用是多方面的，它不仅是一种建筑材料，更是中国传统文化和艺术的重要载体。灰砖以其朴素、沉稳的色泽和质地，与中国园林追求的自然、和谐、内敛的美学理念相契合，成为园林建筑中不可或缺的元素。

    在现代园林建筑中，设计师们依然会采用灰砖，结合现代技术和设计理念，创造出既传统又现代的园林空间，使得园林文化得以延续和发展。

灰砖在空间营造中的运用

灰砖的多种拼接形式

民宿酒店庭院

巧用空间留白！仿若仙境的东方山野小院

30 宿仙谷 • Su Shien Valley

项目位置：四川省成都市都江堰市大观镇宿仙社区宿仙谷

占地面积：约 100 亩

场景：中式小院、草地露营

记忆点：空间美学、庭院里的生活气、疗愈旅居体验、微景观艺术

生长的美学——精品花园设计细部解析

宿仙谷酒店背倚青城山的陡峭山石，与幽深峡谷中的灵泉瀑布为邻，周围环绕着葱郁的竹木和绵延的竹林小径，环境优美宜人。酒店以其独特的地理位置和设计理念，成为一个远离城市喧嚣、回归自然的理想之地。设计强调与自然的和谐共生，采用传统的东方建筑元素，结合现代的舒适设施，营造出一种质朴而温馨的氛围。

　　空间上，考虑了自然景观的保护和利用，大片的山野草坪与小院铺装留白，使整体院落更加开阔敞亮。布局考虑到顾客的需求和体验，用石板路引导不同区域的穿行流线，大草坪提供了露营和户外活动的场所。

　　材料采用石板、木材、竹子等天然材料，与自然环境相协调。依山傍水，利用自然溪流、苔藓植物和鱼池等元素，搭建出让人放空的自然氛围。

　　总体来说，宿仙谷的花园氛围简约质朴，大量留白的自然空间塑造了花园不争不樱的性格，让游客身心放松。

主色调：原木色，石头原色

宿仙谷

禅意茶台

前院铺装留白

开阔明亮的草坡留白

民宿酒店庭院

以一条竹林小径步入迎宾前场花园，让客人在通行过程中想象藏于山野自然的酒店模样。

曲径通幽的入口夹道

喷漆钢板

再力花

禅意茶台

石水钵

造雾机

水中石

石雕草坪灯

卵石浅滩

石板路

生长的美学——精品花园设计细部解析

酒店建筑与内部装饰以自然色系为主，使用木头、竹子、麻绳等天然材料，以及手工制品和古董家具，营造出一种简约、朴素、自然和不完美之美的侘寂风格。

以中药命名的客房

灯笼灯

卡座悬浮座灯

自然整石台阶

翠云草

背靠浓郁山林，前景大量草坪作留白，凸显山野小亭。

"闲即是仙"山野小亭

明快开敞的大草坡

野生花境

浅滩小池

石板桥步道

石雕草坪灯

石板碎拼

宿仙谷的微景观融合造物美学

　　利用造景材料和植物进行融合造景，让二者有一种自然生长的效果，这也是宿仙谷中感觉人工痕迹较少的重要原因。这种微景观多采用苔藓、木头、山石等元素，应用于自然式花园中。

（1）在台面和铺装上将植物轮廓范围预留，将模拟自然山水的苔藓和附着材料充分咬合，形成浑然一体的感觉。

（2）对于人工感较强的装饰物件，在体量和形态上尽可能轻盈精美，并利用天然材料或植物作背景。

（3）对于自然材料，在形态上反而可以有一些具象的表达，让材料的雕琢工艺感得到显著呈现。

苔藓微景观

金属LOGO

鸟笼挂灯

水洗砾石

碎拼石板

苔藓附着

多头草坪射灯

石雕草坪灯

生长的
美学
——精品花园设计细部解析

05

造园步骤

如何从零打造一个属于自己的花园?

设计阶段

园建基础施工阶段

园建饰面施工阶段

绿化施工阶段

收尾施工阶段

1. 设计阶段

1.1 明确需求
（1）风格意向
（2）功能需求
（3）造价预算

1.2 如何把控方案
（1）规划阶段
　　a. 功能布局合理性
　　b. 内部系统合理性
　　c. 材料材质工艺准确性
　　d. 后期维护便利性
（2）复尺勘测
　　a. 水电接入点
　　b. 顶板荷载及覆土
　　c. 造园界面范围

东方禅意　　现代简约　　自然野奢

在规划初期，明确需求的风格意向。

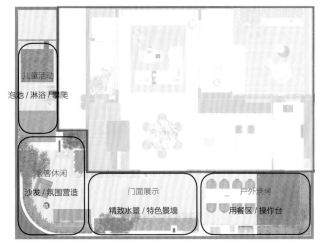

造园需要结合未来的使用场景，好用是基本原则，再结合功能空间做到场景好看，最后在两者基础上，尽量增加趣味性，让体验变得好玩。

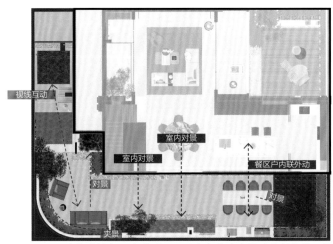

园内的功能布局十分重要，重点考虑室内外功能的衔接、视线的互动、动线的顺畅。

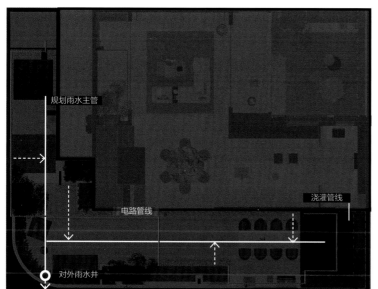

2. 园建基础施工阶段

2.1 场地清运和网格放线
2.2 隐蔽工程施工
（1）开挖

    a.铺装及构筑区域基础开发

    b.管线区域开挖

（2）排水管线预埋

（3）给水管线预埋

    a.水景系统

    b.浇灌系统

（4）电路管线预埋

    a.户外电源、灯具

    b.智能化电路

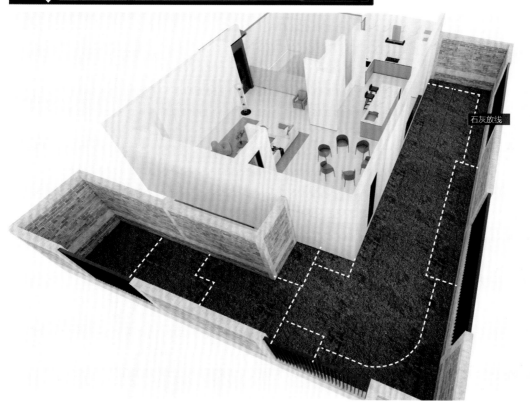

2.3 二次放线回填及基础施工

（1）构筑物、景墙区域基础垫层浇筑

（2）水景基础垫层浇筑及防水施工

（3）铺装区域垫层浇筑

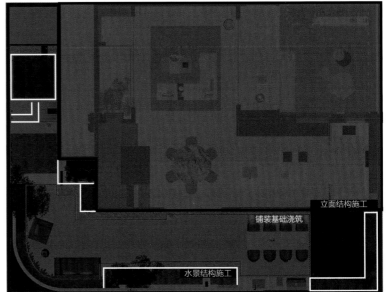

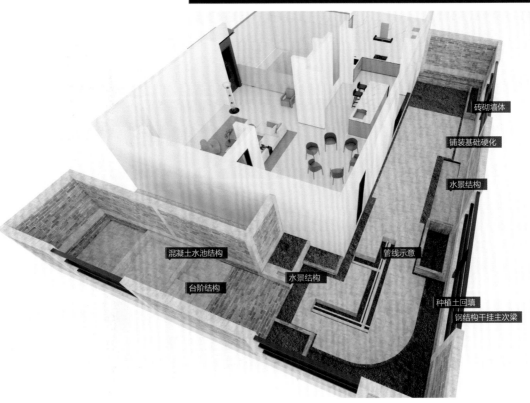

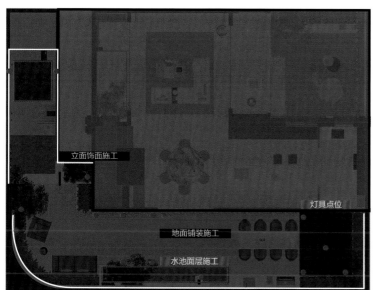

立面饰面施工

灯具点位

地面铺装施工

水池面层施工

3.园建饰面施工阶段

3.1　面层饰面建造

（1）构筑物建造

　a.构筑物及景墙结构施工

　b.构筑物饰面材料排版加工

（2）水景建造

　a.水景景石堆砌布置

　b.水景池壁池底饰面施工

（3）铺装建造

　a.铺装对缝

　b.与排水篦子的位置关系

　c.与绿化的收边处理

3.2　灯具小品安装

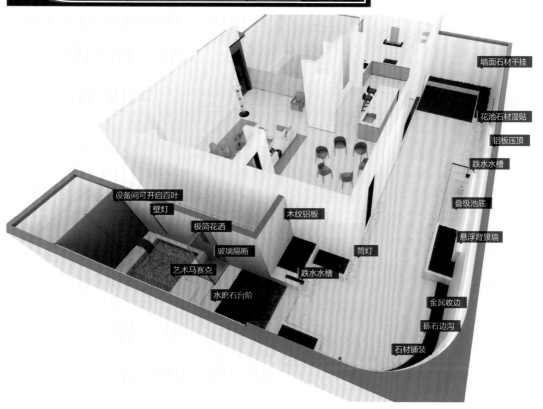

墙面石材干挂

花池石材湿贴

铝板压顶

跌水水槽

叠级池底

悬浮背景墙

设备间可开启百叶

壁灯

极简花洒

木纹铝板

玻璃隔断

筒灯

跌水水槽

艺术马赛克

金属收边

水磨石台阶

砾石边沟

石材铺装

4. 绿化施工阶段

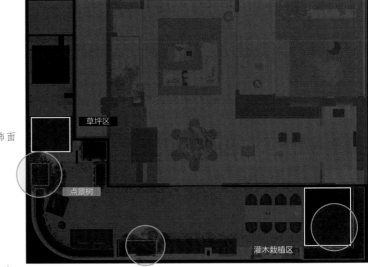

4.1 粗整地形（在饰面施工前完成）

（1）大地形标高走向营造

    a.地形高低点标高

    b.地形坡向形态

（2）骨架苗木栽植

    a.大乔木栽植（需考虑机械和铺装饰面施工线路组织，避免交叉施工）

    b.中乔栽植

    c.灌木球栽植

（3）景石落位

4.2 细整地形

（1）微地形起伏及栽植地形营造

    a.结合地被栽植营造地形高度和饱满度

    b.结合景石搭配关系营造地形细节

（2）栽植地被

（3）铺设草皮

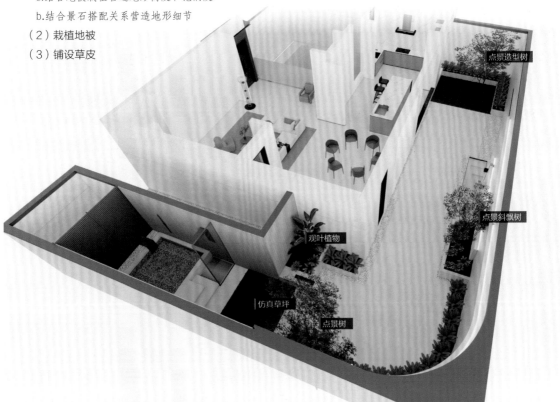

5.收尾施工阶段

5.1 软装摆放布置
5.2 系统调试
a.水景系统

b.照明系统

c.给水系统

d.智能化门禁系统

5.3 保洁

图书在版编目（ＣＩＰ）数据

生长的美学：精品花园设计细部解析 / 王开元, 樊

芮, 仲竹著. -- 北京 : 中国林业出版社, 2024. 9.

ISBN 978-7-5219-2814-3

Ⅰ. TU986.2

中国国家版本馆CIP数据核字第2024DP1753号

生长的美学

著者：王开元　樊　芮　仲　竹

出版发行：中国林业出版社（100009 北京市西城区刘海胡同7号）

电话：010-83143565

印刷：鸿博昊天科技有限公司

版次：2024年9月第1版

印次：2024年9月第1版

开本：889mm×1194mm　1/20

印张：10.8

字数：120千字

定价：78.00元